品嘗好書　冠群可期

成功秘笈②

企業人才培育智典

鄭佳軒・編著

大展出版社有限公司

序言

某金融機關，以三百三十位課長等（平均年齡約四十三歲、課長任職平均三·五年）中階層主管為對象，實施問卷調查。

依據該項調查結果顯示「好上司的條件」，第一位是「指導、培育部屬的能力強」佔百分之四十八，第二位是「授權部屬辦事」佔百分之四十點六，第三位是「有正確的判斷力」佔百分之三十九。觀諸同類性質的調查，這種順位和百分比，幾乎沒有變化，所以這不但是做為「經理」的好條件，更是身為課長所應具備的本能。至於第二位的「授權部屬辦事」，則是培育部屬的適切方法，也是相當重要的條件。因此，所謂好上司的形象，就是對培育

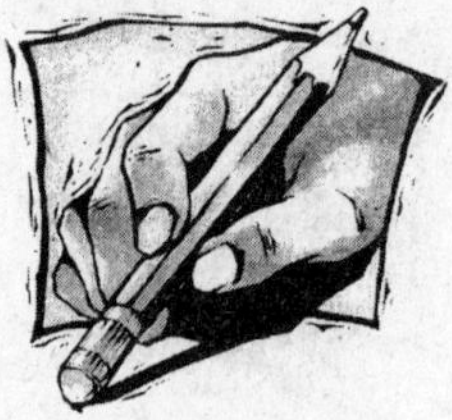

部屬，有能力的上司，而這種形象，對任何職位的主管來說，應該都是相同的。

在公司組織中，上司與部屬的關係是不容選擇的，或許高級主管會對人事單位指定「我要某一位職員來替我工作」，但能提出這種要求的人，只限於一小部分高級主管而已，當然這些主管本身也沒有決定權。至於部屬那就更不用說了，根本沒有選擇上司的權利，跟上不好的上司，也只有離職一途而已。

上述調查中，有一項是從中階層主管看「好部屬」的條件，其中第一位是「對工作具有強烈的責任感」佔百分之六十二點五，第二位是「處理工作的能力高」佔百分之五十三點六，第三位是「信賴主管」佔百分之四十九點五八。

在不能選擇上下關係的情況下，上司如此期待部屬，

其本身就必須負起指導培育部屬的責任，使所屬能具有自己所期待的意識或能力。而一開始就要求齊備所有條件的部屬，這是緣木求魚、畫餅充飢的無聊作法，也就是說，上司與部屬、前輩與後輩，彼此間具有教導、被教導以及培育、被培育，順序指導的關係。

但這種指導培育部屬的工作是多面性，具有優秀才能的人，不一定是一位優秀的指導者，因為不管上司或者是部屬，都不容易找到最好、最完善的手段或方法。

經常聽到教條式的「必須如此」的論調，或是遇到沒有實際經驗的人，提出忽視組織機能的理想論，使得主管感到不知所措。

本書是透過與眾多上司、部屬的經驗，而加以整理出的人才培育方法。在無數的測試中，雖有成功的案例，但失敗實例亦不少，以下就針對這些成功、失敗的案例，分

析其原因理由，擬定矯正的對策。

首先敘述有關指導培育部屬，所需的基礎想法，然後再對特定的職位或以某種形態在工作場所中，對部屬有影響力的重量級管理者、新進職員、小組領導者、女性、高齡職員、教育承辦人，對準其焦點來加以詳述。如果以理論為體系的論述是縱軸，那麼對工作場所的實務，嘗試指導培育部屬，已獲得良好成果的事實就是橫軸。

認真崇實指導培育部屬的主管，或深感指導培育部屬的必要性，卻不知如何著手以及對教條式論述，具有隔靴搔癢的主管，如果本書能夠提供參考，幸甚。

目錄

INK

目　錄

INK

INK

INK

第一章　上司與部屬共同成長的基本條件

具有在職訓練（OJT）的意識

不能順利進行在職訓練的主要理由有「不瞭解進行方法」、「部屬沒有幹勁」等，不過，其最大的原因，還是上司不具備在職訓練意識。如不了解在職訓練的作法，就學習其作法，部屬沒有幹勁就探求其原因、思考具體方策、否定不能進行在職訓練的各種原因等理由，都是上司不具備或缺乏在職訓練意識，所延伸出來的藉口而已。

提高在職訓練意識其要點如下：

①確定在職訓練是「在工作的範圍」的想法

「工作繁忙所以沒有從事在職訓練的時間」，這種想法是從在職訓練與實際工作並不一致，或在職訓練是多餘的觀念中，所伸展出來的。因此，大家對在職訓練，也就會抱持著有時間就做，沒有時間就算了的態度。但為了提高承辦業務的成果，必須使承辦業務的部屬，具有消化其工作的能力才行。所以要達成效率化的目的，就必須具備有熟練的工作能

力。這種經由工作來學習辦事的經驗，提高工作效率的能力，就叫做在職訓練。不過，這種在職訓練，一定要納入自己工作的範圍內，才能見其功效。

②在職訓練是個別的、有計畫的持續訓練

依據個人能力的差異，來變更指導目標及進行方法，但如果像在教室講課一樣，以所有人員為對象一起進行，就不能獲得任何的成果。

所謂「個別的」，是配合每一個人能力的意思。而「有計畫的」，則是「對誰使用什麼方法，在什麼時間以前，教導出什麼東西來。」因為其目的是提高每個人的能力，所以現在個人所擁有的能力與提高目標後的差距，就變成了需要訓練的內容。而所謂「持續的」，就是反覆訓練。頭痛醫頭、腳痛醫腳式的指導，根本不會獲得任何的效果。

為了進行有效的指導，首先必須讓部屬具有「想學習」的意願，然後再以如下教導工作方法的步驟，一一的進行。

1. 從事學習的準備
2. 說明作業

3. 讓部屬做做看

4. 觀察教育的成果

從簡易的工作進入困難工作，從具體的指導邁入尊重部屬自由意志和判斷的抽象性指示。每一次教導部屬時，都需給予適切的評價，並加以鼓勵。如果上司沒有在職訓練的意思，部屬就沒有意願工作，使得整個組織戰力無從發揮，這種狀況不及早發現改進的話，將會造成嚴重的後果。

謀求在職訓練與職外訓練（off JT）的配合

大多數的人都認為，企業內的教育，以在職訓練為主、職外訓練為輔。職外訓練由於其教育的形態，一直被認為與「集中教育」具有相同意義。但是，如果在以個人為中心所進行的在職訓練中，無法獲得的內容，就必須借助於職外訓練來彌補。

所以，在事務階段中，以什麼為主、以什麼為輔，都沒有關係，重要的是兩者必須能相輔相成，方能使員工獲得教育的成果。

在工作場所中，憑藉在職訓練，學習到工作的技能後，其本人就會產生探索工作背景，及其理論根據的意願。為此，以職外訓練接受專家學者的指導，比較能獲得具體的效果。

此外，在集合教育中，所講授的理論性講義，即使能以知識理論來理解，但如果不能轉變成工作場所實際使用的機能，就不具任何的價值了，而這種提高學習效果的手段，就是在職訓練。

因此，只有把在職訓練中，才能學習的領域和職外訓練容易學習的領域兩者，組合在教育計畫裡，才能提高培育的效率。

站在公司的立場來看，在職訓練是在工作場所中實施，所以其能加入自己的想法。而職外訓練，則是離開工作場所集中實施，上司也就不能做有效的監督，因此儘可能把職外訓練的成果，有效引進到工作中來活用。這樣，不但可以提高在職訓練啟發性，更可以鼓舞員工接受的意願等雙管齊下的效果。

①讓接受職外訓練的部屬詳細報告受講內容，以適應工作場所

上司養成聽取部屬報告授課內容的習慣，就會提高部屬學習意願的動

機。使部屬參加講習時，不得不認真聽取講師的授課內容，遇有疑問的地方，也必須請教講師，一直到充分了解為止，以便課後可對上司說明。

觀察實際工作場所的情形，發現上司對部屬的報告，僅回答「辛苦了」而已，這樣部屬所學習的內容，僅止於其本人。如上司聽取部屬報告後，能詢問部屬的意見，並強調「為了工作上的活用」，請說出你的想法。這樣就可以選擇可用的意見，納入工作的行程，使整個公司的運作，更加的順暢。

②上司不可說「我工作很忙，以後再聽」或「提出報告書」

「以後再聽」、「提出報告書」，這樣將會失去打鐵趁熱的效果，即使對緊急的工作有所延誤，也需儘可能在當天聽取報告，而一面吃飯、一面聽取報告，也是一種方法。但不能僅提出「報告書」，因為這樣並不能真正了解其本意。

③儘可能讓其本人，有發表受訓心得的機會

「你好不容易參加研習會，整理內容要點，在下次會議中發表。」

「請你整理一下講習的內容要點，在下一週朝會中提出說明。」

如果在接受職外訓練後，還有這種課程，在等待著受訓員工，且過一段時間後，上司對部屬詢問「你受訓以後所發表的意見，是否在工作場所中活用呢？」等，然後聽取其活用的狀況，來追蹤指導。

如此，謀求在職訓練與職外訓練的配合，是培育部屬的上司，所應具備的職責。

不要用情感式的罵法

在工作上，上司要求部屬反省、修正作法，不僅是其責任也是義務。「罵人」與「被罵」，對人的成長具有絕對重大的影響。如果「罵」是部屬成長的契機，那麼上司對於「罵」，就必須要有深刻的關心和鼓勵才可以。

這個時候特別要注意，千萬不可感情用事。站在罵人的立場來說，心中一定要保持冷靜來說明或勸告，但是當結果和自己的期望，有顯著的差距或部屬的努力程度不夠時，當上司的可能也會失去理智而錯罵。

這樣一來，本想冷靜的想法，就會煙消雲散，而變得更加意氣用事，在激動的言詞中，使部屬羞愧至極的情形，也難免會出現。

如果上司的罵法太過分時，部屬心中的「對不起」就會消失，而做出「等牢騷發完後，就沒事了」的態度，或造成「何必如此否定他人的人格」的想法出現。

這樣，就得不到罵的效果，所以要罵人的時候，必需先考慮如何來控制自己的情緒。

①不要在他人的面前罵人

要選擇沒有第三者的地方。也就是說，不讓對方在眾目睽睽之下難堪，使彼此都能冷靜下來，思考「罵」的意義。不過，有一點必須注意，那就是在團體的面前罵人，可以收到懲一儆百的預防效果。

②要考慮罵人的時機

如果罵的不是時機，不但不會有任何效果，更會造成部屬的反感。不過，這段時間卻可使部屬得到暫時的反省，而且罵人的上司，也可趁此獲得冷靜的機會。

③要把聲音降低慢慢的罵

假定情緒激動時，音量就會隨著提高，罵人的人也會因此而失去控制，所以把聲音降低，一定可以得到好的效果。一般於責罵人時，除了聲量大以外，語調也會隨之加快，假定能以緩慢的語氣來罵，對自我的控制，將會有相當顯著的效果。不過，用低沈、緩慢聲音罵人的方法，搞不好會造成沈悶的氣氛，也是不爭的事實。

所以在罵部屬的時候，雖然只是極短暫的時間，也會使長久累積下來的人際關係付之一炬。因此有人主張，如果沒有把握將這種人際關係重建起來，就「不能隨便罵人」的想法。

此外，最重要的還是不要受到感情的左右，使自己的罵法能得到具體的效果。部屬中形形色色，每一個人的個性都不一樣，所以對於部屬的罵法，就不能完全相同。

也就是說，要配合部屬的個性，採取不同的罵法，才是明智之舉。

關於「罵法」的各項心得，都僅止於原則而已。至於要了解對方的個性，則需靠平常的觀察、接觸及交談，才能真正獲得，那就不只是罵法的

問題而已。

部屬的意見要用心聽

有的人可以把自己的意見，明白的表現出來，但有的人卻不行。如果是沒有問題意識，才使這些人沒有意見的話，就必須賦與其問題意識，並加以指導關心才可以。但也有人雖擁有很好的構想，卻不會表達出來。這種情況，有的是受到本身性格的影響，有的人卻是早已抱持著「說出來也等於白說」的消極想法所造成的。

假定環境條件，突然變的很嚴肅，且問題也更加的複雜化時，就要儘量收集大家的意見，來思考解決的方式才好。對於不把意見發表出來的部屬，與其說「不讓他把意見說出來」，還不如說因為和自己想法不同的意見被採用，所以對決定方針，產生不滿的情緒。因此對發表意見的部屬，假定其意見不能被採用，如果這時能說明不被採用的理由，使其了解情況，那麼自然而然，部屬的心情及態度也就會不一樣。

因此，做上司的一定要造就出，讓部屬都能積極的說出自己意見的氣氛，或是建立起自由、不拘束、開朗的工作環境。

曾經有一句流行語「笑容拍肩」，這是做上司的露出笑容拍著部屬的肩膀，表示嘉許或慰問，這也正是所謂「笑容拍肩管理法」的意義所在。多數人認為，這種作法是一項不好的手段，然而讓部屬感到不愉快的上司，卻全然不知部屬心中的感受。

由於部屬對上司的作法極為敏感，才會產生不愉快的感覺。然而，就算不拍肩膀，在走廊上相遇時——

「你還好嗎？工作進行得如何？」

「謝謝！我會全力以赴。」

這樣子就可以了。而這種交談，不但可免除彼此的陌生感，更可以增加彼此間的情感。如果內心有話，不能坦率的說出來，就必須努力的克服、改善，而「我是上司，應該要部屬先對我開口說話。」的這種權威式想法，一定要拋棄才好，尤其坐在具有權威象徵的高級辦公桌時，這種感覺就越容易產生。

因此，只是會批評的人，可能連「笑容拍肩」的這種管理方法，也不可能付諸實行了。

如果有部屬提出意見時，一定要注意聽，且要有明顯的表示。

但經常有人要求部屬「把意見說出來」，卻不採納對方的意見，且擺出一副「無聊的意見」或「沒有水準」輕視部屬自尊心的態度和表情。甚至有些上司，在部屬發言途中，突然插入「好了、好了、我知道了。總而言之，你的意思就是這樣。」自己為部屬下了結論。

這樣一來，一定會減低部屬發言的意願，所謂「說了也是白說，所以就不想說」的態度，就是因為上司的態度所造成的。做上司的要想到，部屬已經盡全力去準備，就應該誠懇、用心的聽到最後一句話為止。如果此時做上司的能夠以最認真的態度，再加上「是一個很好的構想，請你更具體的推進」或是「想要立刻採用可能有困難，但是這個意見給我一個很好的參考，謝謝你！」等。

這些表示自己所說的意見，得到上司的重視，那麼部屬對於下次提出的意見，就會更用心的準備，且具有更高的問題意識。由此可知，沒有反

應的上司，是不值得信賴的。

接受命令、指示的方法

從上司口中接受命令或指示的部屬，如果對說明或表現的內容有疑問時，就必須針對有疑問的地方加以質問，才可真正理解其內容，體會其意義。就以如下的步驟，來進行檢討。

①是否能依照命令實行的可能性

這是正在進行中的工作和新的命令指示工作，從事調整的作業。

這個時候，如加上工作內容的輕重、期限、完成時期以及難易性來思考，那麼時間的限制，將是重要的檢討事項。

對如下的事項，部屬要很謙虛、坦白的表明自己的想法。

「有這麼多的時間，就能做好。」

「對現在辦理的工作，請多給我一些時間。」

「為了進行工作，必須要確保人員的充足，因此要擬定補充的對策。」

有這種可能嗎？」

「設備不足。我立即調查未使用過的設備，來擬定工作體制。」

「進行這個工作，需要這麼多的經費。但是沒有列出本期的預算，所以必須申請臨時預算的批准。」

對於重大的問題必須提出統計資料，冷靜的回答上司，或是指示、命令的內容太難，以自己的能力無法消化時，就必須敘述其理由。至於一接到上司的命令、指示，就馬上回答「我做不到」，是沒有能力的人，但相反的「沒問題，我能做」如此輕易承諾的人，也令人擔心。

②複誦與確認最後的行動內容

如果是簡單的內容，特別是說出數字或計算的問題，只要以口頭複誦即可。但如果是長期的計畫或需反覆檢討命令、指示內容的政策，則要進行確認作業。而抽象的觀念，或容易使對方誤解、聽錯的事情，更需加以注意、避免。

以上所說的步驟，是為了充分理解命令、指示的宗旨，所必須實施的程序。不過，並不是所有的命令、指示，都需依照這種順序來進行。

一、必須緊急處理的情況。

行動中如有時間的限制且不容許些許的猶豫時，由上司單方面發佈命令，就可開始實施的情形。

二、對生命、身體有危害的情形。

對徹底了解報告內容耗費時間，就是對生命、身體有損失的情況。

三、站在公司的立場，做為業務的命令必須立即實行時。

在這種狀況下，並不一定能按照程序來進行。此時即使認為「當然移作例外事件處理」，也必須立即獲得部屬或有關方面的諒解，且不要忘記善後的處理。

報告也在工作的範圍

所謂報告，就是原則上完成工作時，立即向下令者傳達「工作完畢」的行為。但這種簡單的行為，卻很難被遵守。

我們在年輕時，所接受的新進人員教育，即使談及「將來的展望和經

營方針」等大問題，卻仍未聽過「報告的方法」等課程。

在工作進行中，認為「報告」是理所當然的行動，以至於遭到忽視，這是非常危險的事情。因為沒有提出報告，或報告不完整，最後導致業務無法順利進行的事例屢見不鮮。

尤其，報告的內容是「壞的報告，或是不好的報告」，部屬就會有不願立即報告的意識。當然，上司也是人，一樣有感情，聽到好的報告，就會高興；聽到壞的報告一樣會發脾氣，其結果如何，反應報告者及上班族，一定都非常的清楚。

一定會被指責並追究責任，如果事情重大的話，可能還會遭到撤職的下場。因此，就會出現扭曲報告內容、延遲報告時期、把責任轉嫁給第三者、不傳達真相等，推卸責任的報告。

結果越不好的內容，必須立即擬定第二次、第三次的對應方策，儘是一味迴避責任，將導致失去處理的良機，造成無法挽回的遺憾。

工作完畢以後，立即向下令者提出報告，是最基本的原則。所以，平時就要再三叮嚀部屬，使其了解「報告」是工作進行上，不可或缺的要

件，否則將無法獲得良好的成果。教導部屬當工作完畢後，要像反射動作一樣，立即向下令者報告，且讓其知道報告並非是「工作以外的行為」，而是「工作範圍之內的行為」，不提出報告，就不算是完成工作。

在職訓練中，上司也要如此反覆的教導部屬，因為這是上司最好發揮指導成果的地方。

謀求會議主持者的能力

不管在任何公司都流行著一句話「開不完的會」。那麼多的會議（討論會、研究會等），如果把它當作是集思廣益也就罷了，不過偏偏會遇到「會而不議」、「議而不決」的情形，在無謂的開會中，浪費不少人力、財力及寶貴的時間。

上司培養部屬的重要方法之一，就是讓有能力部屬，學習擔任主席。在開始時先派為記錄，讓其實地參觀會議主席，是如何有效的掌握整個會議流程。

①要顧慮時間的經濟性和討論的效率化

如果想要有效的運用討論時間，就必須讓與會者，都能了解開會的內容及問題的癥結所在。

此外，為顧及時間，先行將有關資料分發給與會人員過目。同時，原則上決定不讓沒有職務代理者，參與決議事項。如果無故缺席，則必須無異議接受，會議中所決定的一切內容。而會議開始的時間，而需嚴格的控制（萬一開始時間延遲，但散會時間則一定要嚴格遵守）。

這些就是舉行會議的前提和條件，且一定要讓所有關係人員，都能徹底了解。

②要謀求討論過程的圓滿化

一、會議主席對於開會的目的，是需得到結論或只限於溝通性質的情報而已，必須事先準備並加以了解。

二、在這裡彙整成問題，就是該做「結論」的時候了。因此，有關於字句的解釋、加減刪除、範圍的確定、討論內容與問題的分析、結論案的提出與檢討、第一次案件與第二次案件的策定、實施方式的決定等，就會

變成主要的討論內容。

三、會議主席在進行的過程中，有時需敦促出席者踴躍發言（有時要阻止發言），並做補充整理才可以。要知道如果這個時候會議主席沒有做好適當的處置，會議可能就無法完成。所以此時會議主席是否控制得當，其力量是否能發揮出來，就會受到大家的期待了。

發生阻止他人發言，硬要使自己的主張通過，或有良好、建設性的提案卻遭人故意挑剔及不願參加討論，自己站在不負責任的第三者立場等情形，會議主席就必須做出適當的處置，使會議能公平進行。

此外，在必要時還需提出適切的問題，一方面加深會議的內容，一方面使會議能朝結論的方向進行。

四、擔任主席的必要條件

1. 對議題內容，能事先研究與準備。
2. 有綜合及分析能力。
3. 具有適切的判斷力和指導性。
4. 有客觀性及強烈的責任感。

另外，為人開朗以及有豐富主持開會的經驗，也是不可忽視的要件。

要成爲一個「很會誇獎」的人

所謂「信賞必罰」，就是指有功勞者一定要給予獎賞，而失職者則必須予以處罰。這個方法一向被認為是領導部屬的重點，可是，最近的工作環境中，既不會「誇獎」也不會「罵人」，就像是「忘了歌唱的金絲雀」的主管卻越來越多。以部屬的立場來說，對上司所說的「謝謝你」、「辛苦你」等感謝的話，都會發自內心的加以感念。

「誇獎」也好、「罵」也好，都是上司對部屬的一種反應。具有豐富經驗的管理者，可能會去稱讚一些毫無價值的成果，但對一個毫無經驗的部屬來說，可能就會因為一句無意的誇獎，而對其工作全力以赴，這不也就等於是有價值的成果。

「辛苦你了，做得真賣力，謝謝你！」雖然只是短短的一句話，卻能有效消除員工的工作辛勞，的確讓人不可思議，關於這一點，做上司的只

要能站在部屬的立場來想，就不難了解。

但如果上司對部屬辛苦工作的成果，不但沒有一點反應，甚至連一句「謝謝！」都沒有，那麼，一定會引起部屬的反感與不滿，甚至會產生「下一次不會那麼認真做」的心理也說不定。

從前的人以「罵一句、誇獎三句、教導五句」的方式，來培育人才。這種培養部屬的心得，其意義在於罵一句就要誇獎三句，然後再教其五種事情。這樣一來，當部屬的就會坦然的接受這五種教法。

可是，偏偏就有「罵人的話一大堆，而誇獎的話卻一句都沒有」的這種管理者。

這樣的上司，等於就是一個「罵五句、誇獎三句、教導一句」，阻礙部屬成長的絆腳石，而這種不懂情理的上司，當部屬的也不可能願意長久追隨。

假定遇到非開口罵人的情況，要儘量將誇獎的話說在前頭，然後再慢慢把罵人的話說出來，如此才容易被接受。如果是在沒有任何前兆的情況下，就隨意開口罵人，相信部屬的心靈之門將因此而封閉。

千萬不可以「到底要說你幾次，這種錯字連篇、語意不清的文章也寫的出來，書是白唸了。」的罵法，來斥責部屬。如果能改成「你那麼辛苦的寫出這份報告，此等精神實在值得欽佩，只可惜錯字太多且有許多地方的文句接不上，雖是那麼好的報告書，卻感美中不足。」

這樣受教的人，相信其內心也會有「以後要更認真、更小心的寫報告才好。」的想法出現。

關於「誇獎」，請不要以看部屬的臉色、拍部屬的馬屁等想法，來加以曲解。「誇獎」這句話，等於是讓部屬多努力、多加油、打開心靈之窗、提高向上意志的一種刺激劑。

我想被人誇獎以後，心裡一定會很高興，但問題出在這種誇獎，是不是過分肉麻，或具有嘲笑、瞧不起對方的意思存在，如果是這種誇獎，不但不會獲得任何好處，反而會造成反效果。

所以，如果無法衷心的說出「辛苦你了!謝謝你!」的管理者，也可以說不是好上司。

因為誇獎的話，等於就是上司不時對部屬，表示關心的一座燈塔。

培養出「會聽話」的人

「說話的技巧」有多麼重要，只要一有機會就會被強調出來，可是關於「會聽話」的道理，卻一直沒有人提過，殊不知會聽話，對於工作的推行及建立良好的人際關係，有著無比的助益。

對方的話說到一半，突然插入「好了我知道了」的這種人，多半是脾氣暴躁、急性子的人較多。如果上司發現自己的部屬有「這種無聊的事情，不值得我來聽。」瞧不起、不尊重對方的態度，必須立刻予以糾正，讓其好好的反省才行。成為一個很會聽話者，其要件如下：

①要做出「我很認真的聽你說話」的這種態度和表情

當說話者與聽話者一對一或一對多時，聽話的人要用最認真的眼神，來看著對方說話，千萬不可將眼神轉來轉去，做出一副不耐煩的表情。

往往看到年輕的女性，以手掌托住下巴聽人說話，這種不禮貌且毫無意識的動作，如果不隨時予以糾正，可能這一輩子都無法改正了。

②要把重點確實的記下來

當你接到上司、前輩的命令指示或接聽連絡事項時，對於該內容的重點，要用筆記下來。

當說話者看到對方把每一條重點都記下來時，心中就有一種「完全了解」的感覺出現。此外，邊聽對方說話，邊輕微「點頭」或做出「了解」的表情，這也正是聽話者將「共鳴」的感覺，傳達給說話者的一種信號。

③利用小組討論來磨鍊

開會前必須先把司儀、記錄及總結人員指定好。例如，記錄必須指定專人擔任，其他人員則不許攜帶紙筆開會，因為如果與會人員，把全副精神放在記錄他人意見或黑板上的重點，那麼就會對「聽」或「思考」方面有所疏忽。所以為了要有充分的思考時間，只有集中精神在「聽」上面方可以。

④要認眞學習「會聽話」

社會上有許多「說話技巧」補習班，來訓練人們說話的技巧。可是對於「聽話」方面，卻認為只是有志於顧問工作的特定人員，所應學習的錯

誤觀念。然而，不管是上司或是部屬，每個人在其崗位上，都必須要有認真、積極的心裡，來聽取他人意見才行。為了使人際關係更加緊密，所以美國一些「會聽話」的教室極為流行，當說話者說了十分鐘或二十分鐘之後，聽說話的人就以自己印象中最深刻的內容為中心，並加以重新組合，然後再以相同的時間，把組合過的內容發表出來。這不僅是一種「重新組合」的作業，更是訓練聽話者的一種參考。

要驅逐「無、無」

人們經常說：「我沒有聽過這種話」、「這種內容的話，從來沒人對我說過。」

在工作場所中，「不可以使用」或「儘量少用」的這類話語不少，那是因為怕員工對工作的推行，造成曲解、誤會，以至於把情緒弄得不愉快的理由。

「沒有聽說」「沒有這樣說」，這兩句話會讓聽者產生種種的解釋。

如果始終保持漠不關心的態度時，一定會有「關於這件事情，我從未聽過」的說法，且會遇到類似「這裡又不是學校，為什麼不自己去打聽。」等反駁的話。

所謂「沒有聽說過」，就是「不要拿我不知道的事情來追問我」的這種把責任轉嫁於他人的態度。

雖然剛開始的時候，可能暫不追究，但如果一而再、再而三的採用這種態度，就會給人一種「故意置身事外、不負責任、無法信賴」的印象。而且這句話也會被認為「如果事先向我說，我一定會儘全力協助，可是對我卻隻字不提。」根本無視我的存在。

對於這種的人，也沒有對與不對，內心只有藏著不滿，說出一些漠不關心的話出來。而會說出這句話的人，多半是對工作相當熟練且經驗豐富的中階層人士較多。

雖然所說的內容完全一樣，但隨著說話者年齡、經驗的不同，給予對方的印象也會有所不同。所以就算是真的「沒聽說過」或「沒有聽到這麼說」，說話者也必須以慎重的表情來回答。

「關於這件事情，因為碰巧有客人來訪，所以無法及時參加說明會，後來想去請教別人，卻又一時疏忽給忘了，這完全是我的錯，對不起！」如果年輕人都能以這種語氣說話，或許會得到「以後要多注意點」的回答，也說不定。

這時如果換成是中階層人員，可能就會加上這句「即然是不知道，那也是沒有辦法的事，然而就目前的情形，如果是你會採用那一種處理方法，說出來給我參考吧！」假定這個時候，不能表示確實的判斷，不僅會使前面說的「不知道」失去效用，還會給對方的內心有一種「就算是知道了，也不能做出什麼有效對策的一個人吧！」的想法。

如果仍頑固的堅持「因為事先沒有通知我、不理會我，所以我才不願意參加的。」這種人將慢慢被周圍的人所疏遠。如果總是抱持著別人會找上自己，以自己為中心來推動工作的心理，不但會造成工作的阻礙，更會使自己成為一個不受歡迎的人物。

要確實記住千萬不可說出，使對方產生誤會或為自己辯護的話。因為對方如果真的去追究這句話的來源或動機，後果就不堪設想了。

不要承認「以爲」和「應該」

最令人感到恐怖的就是，「以為關掉了」、「應該是關掉了」。

這是根據日本政府所甄選的四千三百多件防火標語中，排行第一的宣傳標語「明明『以為』關掉了，明明『應該』關掉了，偏偏就從這個地方發生火災。因為那只是『以為』、『應該』而已，事實上絕對沒有關掉。」所得到的恐怖教訓。

「以為」、「應該」不單單只會發生在火災上而已，在工作環境及推行上，也常會因曖昧不清的原因，而造成不可收拾的後果，這簡直是「工作崗位上的另一次火警」。

當向部屬問起有關指示工作的進程時，就會有「交待的工作，我打算在幾月幾日完成。」

「有關係的地方都安排好了，到某月某日應該會有報告出來的。」

等等令人放心的回答。如果還能加上一句「請放心」或「請不必擔

心」，上司自然而然的也就跟著放心起來了。可是到了約定的期限，竟也會發生「以為可以完成」卻無法完成，「應該會有報告」結果沒有報告等，不可思議的事情。

雖然剛剛開始的時候，極為慎重、積極的推行工作，但隨著技巧的熟練，心裡就會慢慢的鬆懈下來，在這種情況下，最常出現的話就是「以為」、「應該」等。

①「以爲」「應該」只是在推定、憶測的範圍做判斷的話

如遇到這種回答「『應該』並沒有確定」時，就必須更加查證且再三叮嚀才好。「現在的工作進度已經到了這種程度，按照這種情形來看，毫無疑問的可以如期完成。」像這樣的話，也必須深入追究，以求得確實的答案，較為妥當。

如果是屬於長期的工程，也應該多參考其他資料，來做為查證及判斷的依據，這樣，一方面可以了解整個工作進行的情形，同時也可以給部屬的構思，有一次檢討與反省的機會。假定不經由這種作法，以至於得不到期待的結果，那麼當上司的就必須負起完全的責任。

②「以為」「應該」也可以把成果的責任轉嫁給他人

「以為」、「應該」除語意之外，還保留有成果不明確的成分在內。也就是在只能完成百分之七、八十，而無法達到預期的成果時，那兩句話就可以做為「逃避」，剩下、未完成的百之分二、三十之用。而問題就出在這百分之二、三十，所以上司應該在其能力範圍之內，儘可能對轉嫁責任的說明和不切實際的說明加以消除。

③「以爲」「應該」容易成爲應付場面式的「好看」而已

「以為」、「應該」往往會成為應付當時場面的權宜之計。這種作法其本身根本不想負起任何結果、責任，只是為了表面式的「權宜」，所做的一種行為而已。

總而言之，「以為」、「應該」只是一句曖昧的話。可是在工作上，卻不容許有任何曖昧的情形發生，因此，對部屬來說，必須杜絕這種曖昧的判斷念頭，也唯有如此，才不會因些許的疏忽，而導致工作環境的「火警」發生，造成不可收拾的後果。

第二章

培養部屬的基本態度

溝通的行動化

在研習會上，以「工作場所的問題」為討論的主題時，必定會出現「溝通」上的困擾。這就顯示在工作場所發生的問題，在根底上有某種不能互相溝通的意思或缺陷存在。

不過，如果這個「問題」，僅是引起與會者關心，在發言單上用筆寫「積極進行溝通」，而不能進一步加以討論，就認為一切都解決了，那就大錯特錯了。

尤其有資優天賦或很會考試的人，更有這種強烈的趨勢，其平常就以「必須如此」或「應該如此」等抽象式的語言來處理問題，習慣含混的把事情隨便馬虎過去。因此，如果要進一步追問「如何積極溝通」、「應該如何實施」，就無法提出正確的回答，而只能說出「召開定期會議」、「要有協調的機會」、「把問題印出來分發」等不切實際的答案。

主管對部屬說：「把自己的想法確實告訴對方讓他能了解，或應該採

取何種具體行動，請你說出有效的方法。」可是部屬卻會錯意的說出「大家喝一杯開開心」這種意料不到的回答，在研習會中經常碰到。

召開會議或協調，才是真正能使溝通活潑化的方法，在正式的場合中，反而會基於某種限制而說出一些違心之論。所以，會有在召開會議之前，以「協調溝通」獲得事前的諒解，或會議完畢後「在大家面前不便發言，其實我有一些補充意見。」而說這種話的人，不禁令人費解為什麼還要花費那麼多寶貴時間，來召開會議。

一、不要把溝通當作「精神準備論」來結束。

和對方已經談了很多，對方說的話我都了解，僅是如此的話，還不算是溝通活潑化。

二、為了了解對方的真義，直接與對方誠心交談極為重要，而至於召開會議或互相協調，就只是次要的問題。

三、為了使溝通活潑化，交談的時機很重要。

像走廊和電梯間等場所，可以很輕易的互相交談。如果只說「我和你說了某件事後，將使你對往後的工作反應改變。」「等事情告一段落再說

就夠了」或「即使不說也總會了解的」、「不必跟他說了吧！」等不成熟的判斷語，將使得溝通不能活潑起來。

四、理解對方的真義後，迅速採取行動極為重要，而表示出具體的反應，才算是溝通已經活潑化了。

五、上下左右間的意志輸通等經營手法，是不可缺少的。為了上情下達或下情上達的相互關係有效運用，對溝通意識與關係絕不可忽視。

對「評價」關心

在主管研習課程中，經常談到「強化主管角色的診斷」，但從統計的結果來看，關係較少的就是評價的項目。

- 你對自己的工作成果，是否做過正確業績的「評價」呢？
- 你是否為了提高部屬的工作意願，而做過適切的「評價」呢？
- 你是否能使部屬對其本身所做的工作（行動），進行自我「評價」

呢？

對這些問題，多數主管回答「沒有自信」，這到底是什麼原因呢？對自己承辦的工作，不做正確的評價，等於就是放棄職責、本分。對部屬不做適切的「評價」，部屬就會對自己工作的完成程不放心，且對上司的低評價不知道其理由，部屬也就不能反省，更談不上運用在工作上。

不管是人事考核或業績的評價，如果不能做正確的評斷，那麼將使部屬對工作的意願減退，且增加對上司的不信任感。人事考核的架構，是由專家反覆檢討改善，但即使是非常精密的架構，最後仍然要以最高主管所具有的評價能力和見識來決定。評價影響進級、加薪、賞罰，就是連退休金的基數，也是以評價的優劣來決定。

工作是由企畫立案、實施、檢討等三個步驟進行，但是在「檢討」階段，不正確的把握其結果，就會重複無謂的作業。規定的工作告一段落以後，上司和部屬一起確認其成果，並進行反省檢討，如果能達到預期的成果，就予以嘉獎。萬一不成功的話，就追究其原因、事實，讓部屬不要重複犯錯，嚴加督導並給予適切的評價，如此反覆實施檢討，部屬才能培養

出更高的工作能力。

經常聽到如下的意見，「因為工作繁忙，沒有評價的時間」或「為了謀求適切的評價，必須設置站在獨立立場的評議機關」。

所謂「繁忙」，只是忽視主管職責的藉口而已。至於設立獨立評議機關的必要性，公司可以另外的目的來設置，而自己所承辦的工作，還是必須由自己來反省、檢討、評價。命令部屬辦理事務時，必須由部屬自己來反省、檢討、評價，主管則站在上司的立場，對這些成果做總和的評價，否則上司的角色，就好像是無底甕一樣，永遠也忙不完。評價不但是再一次回饋、檢討的機會，更是對下一次工作的活教訓。

不適切進行評價，將使上司與部屬之間，產生不信任感，即使以任何好聽的話來鼓勵，對無底甕卻沒有任何作用，不僅沒有用處，反而會帶來反效果。

變換直屬上司，部屬的工作態度，就有令人驚奇的變數，或待人接物方面產生重大變化的事例。這是因為部屬遇到深思熟慮且具有高評價眼光的上司所致。

要設定啓蒙目標

要謀求能力突破，就必須設定「啟蒙目標」。

對於「如果要自我啟蒙，該如何做才好」的意識調查，以「多讀書」為答的人為數不少。由於讀書可以隨時隨地的進行，所以是一個最恰當的方法，但是讀書如不採取「要用那一種研究題材」、「要看那一種書」等，屬於有計畫的讀法，就會變成白讀。

一方面要推行日常的工作，一方面要謀求能力的突破，並不是一件容易的事情，所以如不設定好明確的挑戰目標，就會有「因為太忙」、「因為沒有時間」等自我欺騙的藉口，而中途放棄。

每一個人為了消化工作負荷，所以必須具有足夠的知識與技術。可是，從上司的立場來看，如果部屬的能力不足或有未盡成熟處，若再不自我啟發，就無法將工作交付給他。所以部屬能力的突破，必須要對其有鼓勵向上的建言才可以，有關這方面的具體作法，就是要利用「啟蒙目標的

設定」來進行「啟蒙計畫表」。

現在就以「啟蒙計畫表」為例，做重點的說明。

一、「順位」也就是題材的順位，按照其高低順序寫在「等級」欄上。如果項目過多的話，就會導致散漫的現象出現，所以「等級」以四～五項最恰當。

二、「等級」重要性及注意的程度，要以合計一百的數字來分配。

三、「題材」，就是將有主題的研究項目加以記錄。

四、「行動基準」，就是把題材的推進方法，加以具體詳細的記載。例如利用電視來做英文高級會話班的學習，接受一級英文的檢驗、某專門書籍看完了、參加某研究會、或是因取向高水準的題材，有時需花較長的時間繼續鑽研……所以要立下長期的具體方法，將其延到下一次再進行。

五、「評價」就是反省。設定啟發目標時，上司要從旁助言，所以在規定的期限過後，除本人要自我反省、評價之外，也要加上上司的評價。這時上司不可忽略對部屬說出適切的感想，並予以鼓勵。

啓蒙計畫表

自　年　月　至　年　月

製成日期：　　年　　月　　日

姓　　名：

助 言 者：

順位	1	2	3	4	5	計
等級						100
題材						（什麼）
行動基準						（有多少、計數化、具體化）
期間	～	～	～	～	～	
評價						
助言者／自己						

要讓潛力甦醒

人的能力大體上只要看工作的挑戰性及業績成果（達成比例），就能預估出來。但是，只靠外在的成果，就來評斷一個人的能力高低，這樣不管對個人或組織，都會造成許多負面的影響。

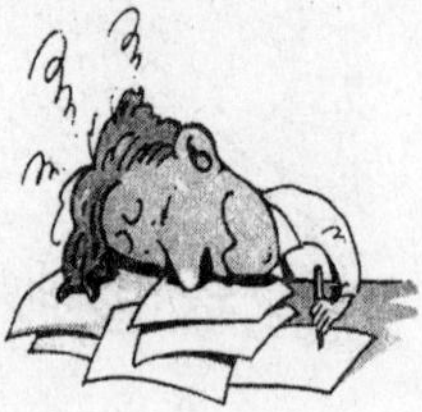

那可能會因此疏忽了，天才所未發揮的潛力。例如，在負責A工作時表現平平，但讓其負責B工作，卻有相當完美的成果出現。

這也就表示B的工作才是真的適才適所，使其在以往所沒有的能力，開花結果的現象。

CDP（經歷開發系統）是把異常的工作有計畫的讓其擔當，經過不斷的磨鍊，來謀求本人能力突破的一種構想。然而，就算是沒有這種系列的組織，只要在工作環境上，讓其負責另外的業務，或派任到其他的工作場所，一樣可以得到相同的成果。為了要推進這種構想——

①事先設定學習業務的必要時間

為了使其真正學會工作技能，要先設定必要的標準時間，同時還要要求部屬，在規定的期間內，學會這項挑戰。這個時候，並不是時間越長就越能發揮，其實長時間習慣後，反而使能力降低；導致產生惰性化的人也不少。

一旦學會了，就要再給予不同性質的工作，這樣才可以使剛學會的工作技能，施展活用到另一項工作上。至於，要運用其中的那一部分，就不

必太過分的拘泥。只要能從事不同性質的工作，就容易激發其潛力，這一點是不容忽視的。

重要的是要以學會「一般性」的事務為前題，如果只是半途而廢，那不管是任何工作，想發現其潛力是極為困難的。

②上司不可阻礙部屬進行轉換工作

工作學習能力強的部屬，對上司來說，等於就是自己的分身。當上司把部屬當成自己的左右手時，難免會儘可能的將其留在自己身邊。尤其是自己親自訓練出來的部屬，這種想法就更加的強烈，而且當部屬的也不喜歡離開這種上司。當兩者利害關係一致時，不但輪班制人員會提出抗議，而對其本人來說，也不見得是好現象，因為可能就此喪失了發現潛力的機會。假定這種「不讓能幹部屬異動」的固定化現象顯示出來，將會產生一種只有工作不力的人，才會被調動的想法。這樣一來，組織的力量就會變得相當薄弱。

③在年輕時經常進行工作的轉換

越早發現潛力，就越能得到正面的作用，如果等到年紀大了才被發

現，那麼要善加利用的時間，就相當有限了。所以，在從事管理職、專門職分類之前來發現，就可讓每個人在其專長方面，發揮最大的潛力。

能力強的部屬，需讓其從事異質的工作，也就是經常轉換工作或改變工作的崗位，就會有激發潛力的機會。此外，積極從事「讓能幹的部屬多磨鍊」或「轉換部屬的職位」等工作，也是不可或缺的。

讓其嚐到成功的經驗

有些人討厭經常變換工作，那是因為對新工作畏懼的心裡所造成的。雖然完成了產品，但因為銷售成績不理想，使得工廠的作業員，也需到第一線的營業單位去幫忙推銷。

得到現場工作人員幫忙的營業所當中，為了想早一點提高銷售成績，都只顧著推出這些工作人員來進行推銷，卻忘了應有的鼓勵及訓練。使得各營業單位不但無法提高銷售成績，反而使得業務一蹶不振。

通常遇到這種情況時，老練的業務是一定會讓這些新來的人員，獲得

成功的經驗。也就是先帶著這些人，到外面進行拜訪推銷，經過一段時間之後，再讓他們自己去活動。而下一個步驟，就是由老練的業務員，情商熟悉的顧客幫忙，事先談妥買賣的條件，再讓新人接手。這些新人由於不知道是前輩在暗中幫忙，以為這次交易的成功，全是自己努力的結果，不但因此產生了自信心，也自然而然的朝向下個目標挑戰。這就是一位能幹的業務員，在培養部屬時的經驗談。

然而，當自己所培養的新人，能獨立接受工作挑戰時，前輩就會把自己地盤的一部分，讓給他經營。因為這些地盤，前輩已經耕耘很久了，所以新人就可以在無障礙的情況下，培養推銷能力，這也是前輩在事先所播下的成功種子。

讓部屬嚐到成功的經驗，這是培養部屬的好方法之一。但問題是新人如不了解前輩苦心，以為這一切都是憑自己本事所完成的，如此一來將會導致不正常的自信心。但如果前輩對部屬開門見山的說：「要不是靠我事先替你鋪好了路，你這個交易是做不成的，應該要好好的謝謝我。」那麼新人的自信心，又會完全的崩潰。

上司與前輩要徹底的從旁協助，讓部屬能嚐到工作的成果，使其慢慢的成長。坦白地說，就算部屬自始至終都不知道上司和前輩在背後幫助自己，身為上司、前輩的也無話可說，因為要培養一個人，本來就是如此。不了解自己的本事，驕傲就會走在前頭，而變成過分的自信。這時，為了讓對方提醒注意，只要有限度的加以警告就可以了。總之，只有在上司不斷的指導之下，部屬才能不斷的成長。

讓人嘗到成功的經驗，等於就是培養下一個工作成功的自信心來源。雖然人們常說：「失敗是成功之母」，但改為「成功才是成功之母」，也許會有更好的效果。

不知道是受到他人的幫忙，得到一兩次成功，就高興的沖昏了頭，這種人有失厚道。然而，就算是憑自己的能力，如果一樣不知節制反省，其下場也不會好到那裡去。所以身為上司的人，不管是多麼瑣碎的工作，一定要做結果的反省與評價。要知道「成功」，不但可以產生自信心，更可以激發其潛在的能力。所以在部屬成功的時候，上司千萬不可忘記由衷的說出，「希望你能依照這樣的狀況繼續努力」等鼓勵的話。

累積多次的成功經驗之後，從旁協助的工作，就可以慢慢的減少，而這一個部屬也慢慢成為一個活躍的營業員。如此可知，要使成功的經驗成為「成功之母」，不表露出上司從旁協助的作法，也是相當重要的。

要培養自律性

有均衡團隊精神的工作環境，對於彼此的意見、想法，都會加以尊重、信賴，而且相互間也都具有強烈的自律性意識。這是由於大家都能控制自己的感情，彼此相互協助的想法所造成的。

這是擁有眾多女性從業人員的電機部門組管作業工廠，因為以小組為推進單位，所發生的事情。

依據勞動基準法規定，「女性如遇到生理期，在工作上有顯著困難時，就不得強迫工作。」也就是說有「顯著工作困難的女性」，有絕對的權利要求休假。而這家工廠的工會，就採取罷工的方式，要求完全得到生理假期的一個事例。

雖然這場抗爭工會獲得勝利，但這時所有的女性從業人員，只是把「生理期」放在前面，卻完全忘記了「顯著的困難」。

經過這件事情之後，下一個星期一就會有許多女性從業員，提出生理休假的要求，甚至有些女性，提出一個月兩次生理休假，誠屬無理且沒有常識的行為。而當其被提醒時，還會以「我的體質特殊」等理由，來加以反駁。所以，不管是工廠主管或上司，都為「生理」這兩個字傷透腦筋。

此外，工會對自己採用的戰術，竟會造成如此嚴重的後遺症，也感到相當擔心。

這時，有一位現場的領班，向自己的女性部屬說：

「如果生理真的顯著困難，那是不得已的，只要申請休假一定受理。不過，關於工作的責任，就由妳們這一組同仁負責，希望大家事先談妥工作進度，不要在發生問題之後，彼此再來推卸責任。」

這句話改變了對「生理休假」，懷有不良企圖的人。因為未來可隨心所欲享受「生理休假」特權的女性，即使可以再騙過領班，但卻騙不過其他的女同事。如此經過一段期間之後，對於取得「生理休假」的問題，就

恢復到以前正常的狀態。這也就是所有工作同仁，彼此的自律心淨化作用所造成的。

以上，就是建立高自律意識工作環境的最好事例。

讓部屬採取迅速的行動

工作的處理除了要「正確」之外，還需「迅速」。因為，即使能正確處理工作，但卻趕不上期限，那麼一切工作都沒有價值了。

對仍保留學生氣息的新進職員，必須徹底指導其迅速處理工作的要領。在學生時代，經常在規定時間內，不到教室上課，或遲到、早退、不按時上下課的學生，由於只是放棄自己上課的權利，所以對別人不會帶來什麼積極的損害。但是，公司的工作就不容許有這種任性的行為，不僅不容許，而且如果不採取迅速的行動，來辦理自己的工作，就不能完成自己的責任。所以，對於自己承辦的工作，必須以最迅速、正確的方法來處理，且要有邁入下一個工作體制的準備。

有時候對於同時面臨的兩三項工作，就要依據其輕重緩急，一面從事準備工作，一面又並行處理緊急突發事件。

①上司要率先表示，迅速處理的態度

在工作場所中，有部屬、後輩的行動、態度，和上司前輩相似的現象發生。尤其是部屬所尊敬的上司、前輩，連走路、說話及寫字的方法，更是極為類似。所以，如果上司、前輩能夠迅速的處理工作，那麼部屬、後輩自然也耳濡目染一番了。

不管是任何事情，都要求在「五分鐘前」完成準備。這是使其能有充分的時間，去著手從事下一個作業。所以延遲了規定的時間，等於就是奪取別人寶貴的時間。

②規定處理工作的期限

命令部屬工作時，一定要明確規定「希望在某日某時前處理完畢」的期限。雖然這種作法，會讓下令者或受令者感到麻煩，但在迅速處理的意志，尚未成為習慣以前，都必須忍耐。

也有「什麼時候能完成」讓部屬自己去檢討期限、調查進度、約定期

間，而由上司來檢查的方法。這種讓部屬遵守自己所決定的期限，能獲得很大的效果。

上述的方法，也需一直維持到部屬能養成習慣為止。

③處理工作時以正確爲優先

「正確」與「迅速」，就像是車子的雙輪一樣缺一不可，但如果兩項擇其一，當然要以「正確」為優先。

雖然迅速但如果不能正確處理，不但會造成顧客的麻煩，更會為公司帶來莫大的損害。因此，當部屬對正確處理工作有自信以後，再指導逐漸提高速度，使其能迅速處理工作。

④如何指導部屬面對不能迅速處理的工作

除有耐性、不死心、反覆加以指導以外，沒有別的辦法。「遲緩」成性的人，多數對任何事都不會太關心，所以要在短時間之內矯正，是極為困難的。唯有採取讓部屬具體了解「遲緩」，對工作的損害及對周遭人員所造成的麻煩才可以。

此外，也有利用組織小組，讓組員相互切磋激勵來進行的方法。

忽視交貨期，要等到自己心情愉快或沒有興趣就不工作的性格的人，如果無法矯正，最後不得已只有調職或改變承辦業務。

要讓其自我評估

當奉命完成任務後，部屬有立即向上司提出報告的義務，可是接到報告的上司，不但不聽，甚至連一句最基本的「辛苦你」也沒有。這樣子一來，就會給部屬的內心，產生一種「自己所提出的報告不受重視」的想法。

接到報告時，上司對於內容必須仔細的核對，且在查證達成的情況後，一定要給予適當的評估才可以。但在此之前，則需先把工作的結果交給部屬，讓其本身去做適當的自我評估，這也就是達成責任程度的自我反省。至於自我評估的要點如下：

- 是否按照命令指示，完成了目的。
- 沒有按照命令指示完成目的的理由及其原因。

對超出預期時間、突發狀況、以及內容極為複雜的工作等，要特別仔細的去查詢。

●工作的推進方法、成果要慎重反省，以便處理有關的問題點。

●同樣的失敗，不能出現第二次。

●除了無謂及沒有效果的工作外，對往後工作的成果，都要予以反應出來。

以上就是「報告」所要培育的內容。因為「自我評估」，是屬於以後要談的「自我反省」的結論，所以要使如下幾點要旨能徹底推出，已經是刻不容緩的事了，千萬不可忘記。

①要下令工作時

不要做強制式的指示，儘量採用配合部屬的「意見」，尊重部屬的想法。有關方針的決定，最好能加入部屬的想法，如不能完全加入，最起碼也要將部屬的意見，加以慎重考慮，因為當部屬看到自己的構想受到採用時，就會產生一種光榮感及責任感。萬一無法採用時，上司也須說明其理由。

②要推進工作時

上司對於零碎的事情，儘量不要插手，要相信部屬的能力，讓其自行處理。因此，要儘可能實施分層負責，同時把周圍環境的變化及資訊，迅速的傳遞給部屬。至於當上司的則要負起接洽事宜，以及各項調整性的業務。因此，要使部屬推行的工作，能更加順利的進展，就務必做到這種「從旁協助」。

如果對於上司的命令，只是機械般的接受、機械般的行動，那麼對於結果的責任感，當然就會變得更加的脆弱。

於是有了一種「我只是按照命令來行動，因此就算是失敗了，這個責任也應該在下命令的上司身上」的想法，且對結果的關心感和責任感，也會因此而消失。

③工作結束時

要實施「自我評估」的用意，就是為了尊重達成目標的部屬想法。在實行的階段中，應儘可能讓部屬自己行動，且以「自我評估」的方式，讓其能對結果做一次自我的反省「檢討」。

由於工作受到標準化及定型化的限制，使得承辦負責人的餘地，變得越來越窄。但是，這種讓工作人員，把自己的想法投影在工作上的作法，卻成為對工作關心、對工作感興趣的泉源。

因此，「自我評估」，不僅是這種推進方法的責任結果，更是要進行下一步工作的「入口」。而「很忙」、「白費」等不關心、不理會、視若無睹的現象，從此也就不會再出現了。

要徹底施行重荷主義

「人的一生就好像是，背著沈重的東西走遠路一樣，即不必焦躁，也不必急於一時。」這是古人對於「忍受」的觀念，所敘述的一段話。因此，在培養人才的時候，必須用超出能力負荷的工作，來加以磨鍊，也就是所謂「重荷主義」的培養方法。

在培養承受重擔的能力時，所要考慮的並不是量的重荷主義，而是質的重荷主義，讓其向質高的工作挑戰和困難的事務奮鬥。唯有如此，才能

在克服的過程中，確實的培養出真正的能力出來。

現在就把推進重荷主義的重點，一一的說明出來。

①要讓部屬了解「重荷主義」的宗旨

要做困難的工作，不如做簡單的工作，這是人之常情，所以稍不注意，就會出現這種傾向。

特別是現代不經指示，就不會自動去做的年輕人，會認為「重荷」是上司，以片面的權威，來進行強迫工作的一種解釋。甚至心中會認為上司在精打細算，想以最少的人來做更多的事，或有「為什麼其他人那麼輕鬆，偏偏自己要去做如此困難的工作」的反感心裡出現。

如果是這個樣子，上司的意圖就無法順利的達成了。

曾經有過無法了解上司栽培自己的美意，嘴裡邊發出不平之語，邊勉強工作的人，經過了幾年之後，輪到自己站在以前上司的立場時，才萌生「此刻才了解上司的心意，從前上司是為了讓自己有更多磨鍊的機會，才會那麼嚴格的要求，真是用心良苦」的心意，而向以前上司，表示由衷感激的情形出現。

可惜這種工作推進方法，一時之間是得不到諒解的，因此，首先要把「重荷主義」的真義——是為了要讓發展潛力，真正實踐出來的一種磨鍊方法；須讓對方得到充分的理解。

②重荷的內容要與本人能力的成長相配合

如果賦與不管對方多麼努力，都無法承受的重擔，就會引起消化的不良而倒地不起。然隨著目標的達成，這個目標的內容也可以變成一種能力，因此重擔的內容必須充分的考慮。固然，上司為了工作的完成，會嚴格的要求部屬努力去做、耐心的磨鍊，但只要本身的能力能加以伸展，其發揮出高度效率的自信心，也會跟著產生。

③對經過多重磨鍊的部屬要給予成長能力的報答

已經培養出能力的人，就要給予配合其能力的工作，這才是最適當的方法。簡單的說，就是讓經過磨鍊的部屬，對所從事的工作發揮出應有的能力。

有某家公司的年輕主管，在學會了英文以及國際關係的有關知識後，隨即被派到美國，去負責新設立的分公司。在這件事情的背面，就是當時

的上司，有計畫的對他實施「重荷主義」，不斷的讓他從事困難的工作，所得到的代價。所以在他赴美前，不但臉上表露著「多年美夢總算如願以償」的笑容，而且更感念上司當時對他的栽培苦心。

上司對於經磨鍊後能發揮出能力的部屬，要想辦法積極的創造出能讓其發揮能力的舞台，使其能儘情的施展所長。這種作法，如果要說是對部屬的好意，還不如說是上司的一種「責任與義務」。

「重荷主義」，就是上司透過工作，來培養部屬的一種作法。因此，在寧靜的湖泊中，所培養出來的魚，遠不如在洶湧的波濤中，所鍛鍊出來的魚。

總之，能在嚴厲現實的環境中，忍受一切痛苦生存下來，才能學會真正的本事。

第三章

建立能培養部屬的工作環境

建立提拔人才的人事制度

飛躍和革新的時代，就是年輕人活躍的時代。

所以，憑年資來論功行賞的人事制度，已經落伍了，也使得提拔人才的制度，更加的活潑化。

憑年資論功行賞的方法，就是對服務的年資加重比率，使得學歷及服務的年次成為客觀的因素，而受到大家的重視。也就是說，是一種高中畢業不如大學畢業，經驗年資少不如經驗年資多的這種結構組織。

這種組織結構，不只是年長者會如此，就連朝向實力主義的年輕人，其內心也有「他和我是同時間進公司的，應該要同時陞遷才對。」或「A去年已經升了，今年應該輪到我了。」的想法出現。所以事關自己切身問題時，就會把實力、能力的構想擱置一旁，而回到古老的固執觀念了。

①陞遷管理的原則要讓員工徹底了解

首先要讓部屬能了解職務陞遷制度。上司提出他的想法：「A是去年

陞遷的，他的能力、見識、所有的同事都承認，所以他優先陞遷應無話可說，而雖然晚了一年，今年也應該讓B陞遷了。」但人事單位卻認為，憑B君的實力是不可能陞遷的，所以拒絕了這個想法。

這時上司又說：「這樣子部屬會認為我不公平，請人事單位多幫忙。」假定有上述的情形，該如何呢？

②人事單位不可妥協，更不能沒有原則

如果一方面要保持憑年資論功行賞，一方面又想引進提拔人事的作法，不但兩者無法兼顧不能徹底實行，更會降低採用實力主義的比例。

雖然有足夠的才能，但經驗不足，因為年紀太輕無法和周圍協調，害怕提拔人事導致公司的人事管理失去平衡，千萬不可被這些否定式的理由所影響才好。而有關於過度時期的不自然作法，雖然要發上一點時間，但也要儘可能予以矯正。

③對能力停滯者的測試

一般的人事處理，只要不做出違法的事情，就不會遭到降職，雖然會被冷凍起來，可是仍然可保有這個職位，一直到退休的年齡為止。所以要

讓有實力的人，多從事一些高級事務，並予以提拔。

千萬不可讓能力已經停滯，或已衰退的那些人，來負責和保持權限。要不然只會導致，妨礙公司的組織及人事制度而已。所以，想要建立強而有力的組織集團，就要讓所有的從業人員，都能認識提拔與降職（解雇）的人事制度。

對部屬的工作不要干涉

有不少上司喜歡干涉部屬的工作。課長看到股長的工作態度不順眼，就會舉當時自己股長時，所經驗過的事情來作話柄，並開口說：「拿給我」，來加以干涉。

工作如按照這種情形來處理，對部屬來說，將是一個難得的好機會。只是這種上司的舉動，難道真是指導部屬的正確方法嗎？如果真是如此，又為何要憑自己的力量去學會工作，或留下向未來目標挑戰的餘地。雖然當上司的出自好意，幫忙部屬辦事，卻等於是在干涉部屬做事，如果

這種情形一直持續下去，部屬將永遠學不會工作的技能。要知道工作的「指導」，是帶有「培養」這個重要意義的。

不只是直屬的上司，甚至連職位高二、三級的上司，也常見其去干涉、幫忙部屬做事情。據說有一位廠長，到工廠的每一個工作崗位去巡視，看到一個年輕的機械操作工人，在操作機械技巧上極不純熟。於是，心中不由得有「失敗了就麻煩，受傷了更糟糕」的想法。

「來交給我吧！你在旁邊看。機械就好比生物一樣，有其習慣性，如果不配合其習慣性來操作，工作就無法順利的進行。」

廠長邊說邊將這項工作給完成了，原來這位廠長在年輕的時候，就是從機械工作現場的學徒起家，然後才一直爬到廠長的職位，所以對於機械的操作極為熟練。這個比起只會發表理論，自已卻從來未曾實際參與工作的人，是強多了。

然而，像這種抓手抓腳來照顧的情況，會使得這位工人的直屬上司，有「受不了」的感覺，「為什麼不同我說一聲，指導工人是我的職責範圍」。這位上了年紀的領班，對於廠長的作法，不但不覺得是好意，反而

懷有責備的心理。

現在就對這位廠長的指導方法，來加以檢討。

一、對於年輕的工人來說，廠長能直接抓手抓腳的指導，心中雖萬分感激，但由於彼此的職位懸殊，也就不敢自由的發問。這樣一來，這一種教導的成果，就會因此而大打折扣了。

二、廠長雖有巡視工廠的責任，但能交給部屬去做的事情，就讓部屬去自由處理，因為廠長本身還有許多屬於自己職責該做的事情。

三、領班的內心有了「讓我失了面子」的感覺產生。

其實，這位廠長如果向年輕工人說：「對於機械操作的基本技巧，你要更積極的學習才好，尤其你的領班，對這方面的經驗相當豐富，有任何的困難都可以去找他。」同時也要向領班說：「那一種的工作態度是非常危險的，你要多加注意。」只要用此種程度的提示便可。

可是，這位廠長巡視後，還很自誇的說：「我的寶刀未老，還能親自動手操作機械，來教導年輕人。」

上司如要干涉部屬的工作，只要在做示範的時候，邊做示範邊把重點

說出來就可以了。也就是說，要給部屬一個目標，讓其有挑戰的意欲，激發完成的動機就可以了。因此，「上司」和「直接指導員」的角色，要予以明確的畫分，才能真正做到「培育」的目的。

推進無意識的管理

有不少的管理者，認為自己管理部屬是極為當然的事情，所以就用強迫、服從等手段，來領導部屬。如果當上司的只會用這種方法，不但會引起員工的反彈，更會讓員工不平的心裡堆積起來。當這種不平的指數，在工作的環境中，不斷的累積起來時，就會使工作效率急遽的下降。

管理員工的最好方法，就是不要讓部屬的內心有被管理的意識存在，才能提高管理的成果。而不要有被管理的要點，就在部屬自我本身的管理（自主管理）。為了要得到豐碩的成果，除了期待本人的自主意識之外，一方面上司也要設法做出「自主管理」的環境。這樣一來，部屬的內心就會有「既然是交給我全權負責，我一定要負起這個責任。」的心裡出現，

因而也提高了工作意願。從以上的意義來說，自主管理和尊重別人的觀念之間，不但息息相關，且具有直接的關係。

勞動基準法中規定，上司對於部屬的休假申請，可因工作遂行等理由，行使拒絕及變更的權力。除此之外，上司對於部屬的「休假」，不得以任何理由來阻止，一定要無條件准假。所以部屬在申請休假時，只有憑自己的良心來做了。

「請假是法律賦與工作人員的權利，所以我不會以任何理由，來加以刁難。但是，希望你們自己能適當、有效的運用，不要有承辦人一請假，其所負責的工作也跟著停頓的情形發生，這樣無形中就會增加其他同事的負擔。所以，即使你已經請假了，希望能和隔壁的同事預先溝通好，才不至影響業務的進行。假定別人從外面打電話進來，如果是用承辦人休假我不了解，等承辦人回來後，再跟你連絡等話來回答，那就是最不切實際了。要想讓休假代理人，能有條不紊的處理代理事務，平常就必須有所準備，才不至於發生上述的情形。

我只是希望你們能把請病假的理由及情況說出來，我才能考慮到，是

不是事後的工作加重，才導致生病的或如果生病時間過長，也要暫時派人接替等屬於我的責任範圍之內的事務。希望這一點你們能儘量的配合、協助我來完成。」

能了解上司心意的部屬們，就按照這個方針來請假，在職場上，就再也沒有任何的糾紛及障礙了。所以，對於自己合法權利的行使，要以「自主管理」的健全方法來進行，才能獲得最大的效果。

這也就是不給予管理意識的管理，得到成果的一個事例。

希望所有的管理者，能夠儘量的把這個範圍加以擴大，因為憑部屬本身的判斷，來推進工作的自主管理，對自我的成長也有很大的幫忙。

讓敗者有復活的機會

公司的事務並不是一切都能順利的推行，有時候能按照一定的進度來推動，有時候卻會遇到意想不到的困難，使得預定的進度大大落後。

但是，不管怎麼樣只要能從頭至尾堅持到底，遇到任何困難也絕不放

棄，就會有出人頭地的機會。

以無法達成願望，而慘遭失敗來說，如果這個失敗，成為日後成功的踏腳石，那麼對本人及公司方面，都是一種正面的影響。所以上司對於部屬的失敗，要以寬恕的眼光來看，也就是，要讓失敗者有敗部復活的機會才好。

①要給失敗者有復活的機會

一個失敗的人，在還沒有被上司叫去質問的原因、理由之前，就已經處在失意之中。想到自己讓公司遭到如此嚴重的損失，再想想自己的將來，就會有一種失意落魄的感覺。雖然如此，仍需勇敢的面對失敗的評估，甚至要坦誠接受開除或調職的處分，因為這只是「信賞必罰」中必要的手段，無論如何都必須承擔下來。

然而上司對於部屬的失敗原因了解後，也要把心中的想法說出來，並給部屬一個敗部復活的機會。尤其是年輕時的失敗，只要能記取失敗的教訓，回頭是岸、發憤圖強，將來東山再起的機會還是很多的。所以，能真心改正錯誤，全力以赴接受挑戰的部屬，一定不會辜負上司的一片美意，

更不會讓上司的期盼落空。

②工作的成果要以長遠的眼光來評估

不管計畫多麼周詳的工作，都可能會有失敗的時候，然而憑運氣成功的事例，也不能說沒有。如果只是依據這幾件個別事例，就來評斷一個人的將來，那是極為危險的。有些事情雖然自以為不合適，但因為某些狀況，不得已接受了這項工作，如事後不幸失敗了，也只能自認倒楣，所以，上司對於和部屬相關連的條件，要以長遠的眼光來觀察。

最近因為管理者輪調的機率頻繁，因此，想要以長遠的眼光來加以觀察，似乎也不太可能了。在這種情況下，如果遇到職務輪調，需辦理移交的時候，一切有關部屬的人事事項，都要一併加以移交，這樣就算是離開了這個工作崗位，也不會失去持續性鼓勵、支援部屬的美意。

③人格上的疏失所造成的失敗就不可原諒

所謂敗部復活的意思，就是本身儘全力的接受挑戰，卻不幸失敗了，給予其東山再起的機會的意思。

但如果是由於本人人格的缺陷所發生的疏失，不管其失敗的理由為

何，就沒有資格歸納在敗部復活的範圍內。這是屬於工作崗位的問題，如果上司遇到這種情況，就必須採取斷然的措施。

上司是否能坐享部屬的成果

自美國引進的管理者（T・W・I）理念，就像水銀洩地一般急速的擴張。當時大多數製造商的現場監督者，都參加了這項理念的研習，因此，其影響力幾乎滲透到所有的工作場所，而現在各地區也受其影響，均設置指導員來推行此項工作。

在其訓練手冊中，有一段「管理者經由部屬獲得成果」的詞句，本來這只是強調管理者指揮、管理部屬，遂行自己任務的一項組織而已，但萬萬沒想到，這句話卻被聽者給誤解了，以為「管理者坐享部屬的努力成果」。由於這句話被任意的解釋、曲解，使得事後的辯解也無濟於事。

因此，為了使這句話不被受課者誤解，負責訓練的指導員，應該特別留意解釋這句話的真義。

不久，這種想法進入了求才困難的高度經濟成長期，且在逐漸褪色之中。尤其在難以錄用年輕階層就業人員的時候，出現了「黃金蛋」或「月亮的石頭」等流行詞句，當然管理者就不能坐享其成。

員工高學歷化，可能會忽視了這種事情，但事實上現場第一線的管理者，是站在部屬的前面一起流汗，承擔起提高生產力的任務。所以，即使在組織上，是經由部屬來獲得成果的，但在實際上卻是「和部屬一起工作獲得的成果」。如此，把部屬當作同伴，彼此心手連心，共同奮鬥。

現在由管理者及部屬兩者結合，來進行工作，且以品管或小集團等各種社團活動，來獲得期待的成果。

但是，如果社團活動無法如預期的情形來進行，品管也不能獲得任何成果。那麼，其大部分原因，就是身為工作伙伴的管理者，不關心、不能理解所致。

思考工作場所的活性化時，必須痛改超越「攜手」範圍的協力體制。上司由上而下的經營戰略，乃是站在自己的立場，以戰術化的方式來擬定計畫，不過自此以後，則需儘可能聽取部屬的意思、尊重其意見，而有關

工作進行的方法、手段，在委諸部屬進行時，最好能止於暗示的程度。如此，部屬就會自覺自己是工作的中心，而拼命努力的達成工作。

觀察這種結果與上司從頭到尾的安排相比，將更能獲得高效率的成果。這無疑是部屬為了報答上司對自己的信任及授權的「信賴感」、「期待感」所導致的結果。

上司所獲得的成果，從以後經由部屬的想法，轉變成和部屬協力的想法，而且現在更進一步變成，是上司援助部屬後的成果。暫且不管上司是否有力量來援助部屬，不過有這種力量的管理者，才是能指導部屬的管理者觀念，則是不容置疑的。

培養領導人才

環境變化激烈，如果仍依照原來墨守成規的想法，那麼組織就無法繼續營運了。所以，一些高階層的經營者，高聲叫著「期望有個性的實力型人物出現」。但是，這卻和設備、機械不同，不會在那一天突然出現一個

理想型的人才。其理由是：

一、在爭取大學應屆畢業生就業時，有指定某所學校及只錄取以考試方式得到高分等，記憶力為中心的優等結構。無論其理由如何，想借此尋找到有個性實力型的人才，其可能性微乎其微。

二、是偏差值人類的誕生。在分層的學校中，以偏差值教育出來的年輕人，進入公司後，其角色仍以學校差距的偏差值來加以測定，而終生過著安安穩穩的生活。如此，想要誕生具有個性的實力型人才，其可能性就更加的狹小了。

三、壓制人才培養的上司，其內心的想法是「打擊出鋒頭的部屬」。

在工作場所中，如果比周遭的人優秀就會礙眼，甚至遭到嫉妒。怠惰的上司，不願承認自己的無能，不僅不會培養優秀的部屬，反而極力的疏遠。如此巨木被風吹斷了，只剩下一些平凡的人，要想培養有個性的實力型人才，就更加困難了。

為了期待有個性的實力型人物出現，不僅不能打擊領導者，還要加以積極培養。

①建立能把「心中所想坦率說出來」的氣氛

平常內心就藏有問題及目的意識的人，這時會更加認為，要給予其有坦率發表意見的機會。而上司對於其想法，不但要以最誠懇的態度來聆聽，更要在適當的時候予以表示、回應。

②建立能自由行動的環境

對於吸收力旺盛的人，要提供其發揮學習實力的地方，使那些小集團活動的領導者，能把自己的意圖轉變成行動表現出來。

③不要把他固定在特定的崗位或工作

雖然是一個實力型的人才，但還不會發覺自己的潛力或到底發揮實力的地方是那裡。所以，為了激發其潛力，不要讓他固定在特定的工作崗位或從事特定的工作。如果就此冰凍起來，大不了只能成為一個具有小聰明的人而已。

④能成爲「成功原因」的「失敗」就不要再去追究

想要培養一個人才，需要一段相當長的時間、耐心及經費。如果這些最起碼的都捨不得花，那麼，就算有多麼好的資質，也培養不出什麼好的

人才。所以，為了將來的人才，今天多少的犧牲，就不要太過於計較，要知道有價值的失敗，就是將來成功的契機。

⑤培養的方法要充滿人情味的眼光

「不斷予以協助，並給予適當的評估和鼓勵」這些話，也可以稱為是培養的肥料。據說培養盆栽最好的肥料，就是培養者每天早晨，把自己的氣息吐在盆栽上。所以，能夠以充滿人情味的眼光，來教導部屬的上司，相信也一定可以培養出，出人頭地的人才。

⑥利用精勵主義來提拔人才、開放門戶

經過培養出來的人，就要給予相對的待遇及工作環境，這樣可以使期盼的人才早日出現，同時對有能力的人來說，也可以成為很大的動機。

讓部屬接受新工作的挑戰

目前的新興事業中，以生物工學、新素材、電子工業等三種最為前衛。但在企業中，由於技術人才的絕對不足，使得各企業必須經常忙挖

角。而另一方面，由於法定退休年齡，從原來的五十五歲延長到六十歲，使得超過四十歲以上的員工，開始怠惰起來，最後造成只佔缺不做事的情形越來越多。

由此可知，現在的企業中，可以說不夠的是人，多餘的也是人。

在經濟高度發展的時代中，進入企業工作，能從頭至尾在同一個工作崗位上服務者，被認為是最幸運的人。但這樣對依據固定化人事系統，就能培養出一技之長的專才來講，是相當遺憾的事情。因為，從此再也無法培養出具有高觀點思想的人才了。

但由於時代的變遷，過去那些幸運的老經驗者，再也無法適應、處理當前的工作了，因為這些靠經驗來工作的人，已經被OA以及FA機械所取代了。如果要從高觀點來推進工作，那麼，就必須要具有寬廣的見聞和經驗。所以，從事相同的工作，即使做了五年或是做了十年，其成長的水準，是不會有太大的變化。

為了防止這種現象的發生，在學會了一項工作技能之後，就要隨即換到其他的工作，唯有如此，潛在的能力才會重新長出新的嫩牙。

如果遇到有不願意改變工作性質、或工作環境等有拒絕反應的人出現時，就是所謂能力停滯出現的證據了。因為，不喜歡變化的時候，就是表示年輕感已經結束了，所以，單憑年齡來斷定老化的現象，是一種極不正確的觀念。

管理者對於每一個部屬的工作能力，學會到那一種程度，要多加小心注意，一直到部屬能配合著年齡，發揮其應有的能力及力量為止。因為，在其對某項事物到達「熟練」程度的兩、三步前，就必須設法向另一個標高的顛峰移動才好。像這樣的人才培養，如果只是用散漫、保守的管理方法，是永遠得不到效果的。

經常讓部屬在屋頂等危險地方走動，走的越多腳步就會變得更銳利安穩。也就是說，內心經常充滿著知識的意欲，就會想要向困難挑戰，隨時帶動了創造的意欲。

所以，對上班族生活，感覺到有生存價值的人，都是從年輕的時候，就開始不斷的向新工作挑戰，經常被逼到屋頂走動的人。這也就是那些不辭辛勞的上司，努力培養人才所獲得的成果。

要談人生觀

如果採用依照年資論功行賞的人事管理，經營就會陷入困境，而且由於陞遷的可能性，心裡早已有數，使得年過四十的員工，開始對終生被雇用的待遇，失去了原有的鬥志。這時候，如果仍要強調企業的歸屬意識，可能也只會被付之一笑而已。

在此種情況當中，卻仍有不少上司，能得到部屬的尊重。雖沒有到達「士為知己者死」的程度，但是，心中藏有「為了上司一定效勞到底」的年輕人，事實上也不少。

能得到部屬尊重的上司，有其本身的魅力，但絕不是因為「他是我的上司，他會教我怎麼做」等理由，而是有另一種因素存在。

企業中的信念，以誠實、努力、調和佔了一、二、三位，但這種陳腐化的表現，年輕的部屬是不會來追隨的。人的魅力，是經過長久的修煉而得到的，並不是臨時造就就可以隨意得到的。所以那些雖有二、三十年經

驗，而內心卻只抱著「不求有功，但求無過，多一事不如少一事」，看著他人臉色過生活的人，就不可能會有任何傑出的表現。

要有一個離開了工作單位，也能隨意交談人生的人生觀，才會真正受到他人的重視。如果只是一個精通於工作，但除了工作之外，其他什麼都不懂的上司，部屬就不會細心受教了。

訓練部門策畫以課長為研習對象的進程表中，希望也能將經理級的研習課程排入，然後請經營者及董監事們，撥出一、二個小時時間，來談一談本人的人生觀。這一點並不是要讓這些人學習演講的技巧，而是要以上司的身份，說出自己的人生觀讓部屬了解。至於部屬也可以借此機會，來了解自己上司的人生觀。

如王永慶、蔡萬霖等，長年負責公司的經營，建立當今的規模。所以，他們所說的每一句，都會成為旁人模仿的對象，而底下的從業人員也能有所了解。因此，對於困難的經營方針，都有很高的挑戰慾望。

他們的想法，反映在人事管理上，使得從業人員知道自己老闆做人處事的原則，所以也就不會發出任何不平之鳴。

對部屬的工作生涯要負起責任

不管任何一流的企業，公司的「好壞」都是由直接的上司所造成的。所以「公司就是直接的上司」這句話，是極有道理的。

一群準畢業生在找工作的時候，滿腦子想著知名度、資本額、員工人數、發展性等理想條件，於是就一窩蜂的朝向「被學生認為是風評較佳的公司」湧去。可是卻忘了最重要的部分，那就是所配屬的工作環境，其「上司是屬於那一種人」。然而，這一點卻無從選擇，公司也不可能同意你的要求「我要在某某人手下工作」。因此，曾經有人說過：「進入公司工作，等於就是要在沒有選擇的人際關係中，來過著生活。」

部屬對上司沒有選擇權，同樣的上司對部屬也沒有選擇權。因為百分之九十九以上的人事調度，都是由人事單位「依據當事人的能力、個性所決定的」，把這些新進人員，分配到各個單位上去。

所以，上司和部屬之所以能生活在一起，完全是一種「緣份」，而這

種緣份往往會左右一個人的一生，真是可怕之至。因此，身為管理者絕不可忘記，自己是處在「會左右部屬一生」立場。

不管在任何工作環境上，都會有「喜愛新」的管理者，當新人被派來的時候，往往會向新進人員拍馬屁。是不是因為無法了解現代年輕人的心裡，想要和其採取同一步調，或怕新人不滿意自己的管理，突然辭去工作而失掉了面子，才會向新人說：「下班後我們一起吃個便飯」賄賂式的請新人小吃一餐。

可是現代的年輕人是極為現實的，且多數人心中認為請吃飯和工作是兩回事。但也有些年輕人認為，上司要請自己吃飯，就是「上司對自己另眼看待」，以此等單純心裡來表示興奮。可是，這種虛偽的交往，是不可能長久維持的，因為當上司的心裡懷有「本來想要好好的提拔他，可是這小子嘴巴說的頭頭是道，真正做起事來，卻一無是處，找機會把他調走才可以。」而另一方面，做部屬的心裡也會藏有「剛進公司的時候會請我吃飯，現在連一聲招呼都不打」的不滿表情。

新進人員的時代，等於就由學校生活，轉移到社會生活的一個重要關

鍵。這個時期對於上司來講，有許多值得注意的課題，如果放過了這個「打鐵趁熱」的時期，以後想要補救，就相當困難了。所以，得不到上司良心指導的部屬；等於就是多餘的人，不但工作會被任意調動，就連公司可能也會待不住。由於可知，部屬如果在人生的分叉路上踏錯了一步，其責任的一部分，應該屬於直屬上司。

如果長時間服務於一家公司，到底會與多少上司或同事相處，根本是無法預估的。但是，身為上司者對於部屬的前途，必須要以「公司」的立場，負起最大的責任。

有了這種自覺以後，就要下功夫來付諸行動。如果有「雖然有這種自覺，但以自己的立場，什麼也做不來。」的想法，等於就是不負責任的行為，這樣的人根本就沒有資格，來擔任管理者。

給人才有表現的機會

目前在各個工作崗位上的所有從業人員，是不是都已經分配了，適合

自己實力的工作呢？是不是都享受到與工作成果相稱的待遇呢？仔細的觀察，事實上並不盡然，有不少人因得不到合適於自己的工作，而失去了工作的意念。雖然，在雇用機會均等規定的保護之下，女性的工作機會及立場，已經相當接近男性了，但實際上，要想達到完全平等調和的程度，還需要等上一段時間。因為，以學歷做為差別待遇，如大學畢業的待遇一定比高中畢業的待遇高的公司仍然不少。

如果不能使部屬充分的把實力發揮出來，那等於就是埋沒人才。雖然有關當局一再強調「實力主義人事」，可是這種方法，如果在人事管理的階段，不能用實例來證明，員工是不會相信的。

同時，人才的發掘，要從給予合適於本人特色、素質、能力等相稱的工作環境開始。

過去日本歌舞妓，一直保持著古代傳統和格式，雖然演藝超群，但如果不是出身於這方面的名門世家，一樣都是過著普通歌妓的生活。仔細想想如果沒有這些低價位的演員，這些戲就永遠演不成了。從一九七〇年代開始，日本的國家劇院，就採用了研習生制度，來培養這一方面的人才。

雖然如此，傳統與格式卻仍然被牢牢的固守著。

這種情形在一九八二年時，終於被打破了，也就是說，這一年的歌舞妓表演，提拔了一些出生於一九五九年的年輕研習生登場演出。雖然所擔當的角色不是主角，但也極重要的角色，而這些年輕人也不負重望，不但有了不錯的表現，更受到演藝評論家一致的好評。

企業式的社會，和過去歌舞妓時代封建排他性的社會完全不同，換句話說，這種社會是走在時代的最前端，一種開明的社會。雖然如此，但當事關培養人才的時候，採用依年資、學歷等傳統束縛，來實施獎懲制度的公司，仍然不少。如果是這樣子，能幹負責的部屬，就永遠沒有出頭的機會。同時，因礙於此種規定，也使得提高員工的啟蒙構想無法實施，當然公司的營運就只得走下坡了。

負責管理部屬的上司，不要因為人事制度的阻礙就哎聲嘆氣，而是要抱有冒險的精神，讓能幹的部屬能積極的表現。這樣一來，部屬們一定會更加努力的工作，不會讓公司的期待落空。

第四章

成爲能激發部屬潛力的管理者

提高經營能力

管理的對象有人和工作兩種，前者是部屬與部屬之間的相互關係。要讓部屬們能發揮團結一致、自動自發的精神，必能得到更好的效果。而後者則是，將負責的業務，圓滿的加以處理，使其能提高工作效率，來謀求目標的達成。

被派任為管理職時，很多公司會對其實施有關「管理」方面的基礎教育。因為，當還是普通職員的時候，其所負責的範圍，只是將上面交代的指示、命令完成即可，可是，當本身的立場改變後，就會加上一些新的「管理」意識和活動。至於人的管理則分為（人員的要求、異動、人事考核、就業關係、廠務規定、人際關係、教育訓練、安全衛生、福利服務、資訊傳達）等有關於工作的管理。如果更廣泛的區分則有（生產、資材購入、品質、原價、交貨、營業、販賣）等。

所以，管理這句話，本身就帶有「加以強制」或是「隨心所欲」的意

義存在，假定光是靠管理職的頭銜，那根本就無法推動部屬和組織。而領導階層、公關、團隊精神等，之所以會受到重視，也就是因為此種內在原因所致。

因此，就算管理的概念，是由書本中所得到的，但還是要透過人的管理及工作的處理，來提高成果。也就是說，上司活生生的指導，才是「管理」部屬，最不可缺的要件。

一、有關於人的管理，需經常將其本人的意思加以明確掌握。因此，要直接將部屬叫到自己的身旁，提出問題的癥結所在，來加以詢問，並讓部屬報告整個問題的構想和方針為何。

此外，為了要了解自己對工作環境上的影響力，也要經常若無其事般的走進工作場所，觀察一下工作的進度等事宜。

另一方面，需要留意的就是人事的考核。大部分的公司，對於頭一次的考核，都會交給課長去處理。由於這種人事考核，等於就是掌握了部屬的生殺大權，左右了部屬的陞遷。所以，要正確、公平的進行這項作業，並不是一件容易的事。然而，部屬對於考核的記錄，要盡其能力加以改正

或維持到熟練為止，因為這項課長考核的結果，等於就是課長對自己指導的珍貴資料。此外，隨著評定作業的熟練，觀察部屬的眼光也就會更加的銳利。因此，人事考核的指導，就應該是屬於第二次考核者（經理）的重要責任了。

二、關於工作方面的管理，首先，對於基本的業務，千萬不可掉以輕心，要正確的推行，並特別加以注意。其次，對部屬提出報告的內容，不能盲目的相信，各種文件當未查實之前，也不能隨意的蓋章。

隨著職位的陞遷，工作環境就會跟著改變，自然所承擔的業務，也會和以前有所不同。就是因為本人對於新的工作尚未熟練，所以一些零碎的地方就容易疏忽。因此，關於工作的標準化、管理系統是否恰當，以及報告聯絡等細微的地方，千萬不可偷懶，要積極的注意並接受建言。

尤其，是對不同單位的人說：「因為是被新派來的，所以對工作上的一些事務，難免有些疏忽。」根本就行不通，而且還可能被批評為是「缺少了該上司負責任的氣概」的人。

處在這一階段的人，因自己對這方面的工作尚未熟練，對上司的建

言，就會虛心接受。但是，當「管理」上了軌道，且對問題的解決有了新的創意時，那些積極建言就會慢慢消失，而改用從背後援助的方法。

了解「責任」與「權限」

如果成天叫著「只有被追究的責任，卻沒有任何的權限」的這種人，就沒有資格擔任管理者。

所謂管理職，就是「把上司的意思、決定，運用戰術來推展，且具體的付諸實施」屬於組織上的這種地位。所以，任命經理、課長級的人物，來擔當管理的職務，就是為了要在完成責任之前，給予必要的權限。

可是「責任會受到追究，卻沒有任何權限」這句話，其真義可能就是想把所得的「權限」，明白詳細的在「書面」上表現出來，但此種想法，是絕對不正確。

要使業務能完滿、有效的推行，就必須使職務、責任以及權限，都能明確的區分。而職務、責任、權限三者的相互調和，就是所謂「三面等

價」的原則。

所謂「職務」，就是對管理者所下的命令，就本身負責的業務範圍，來加以推行。而「責任」就是，為了要推行職務賦與其行使權限，所帶來的責務。至於「權限」，就是在遂行業務的時候，讓其行為效力能發揮出來的一種指示、命令機能。而其主要的型態，則有如下幾種：

決定權：依據自己的判斷，來斟酌分配責任。

命令權：向部屬下達遂行業務的命令。

指示權：對自己掌握的業務，要強烈的要求協助。其與命令一樣，具有同等效力。

承認權：上位職位（或是有相關部門的職制）要給予同意。

行為權：在被任命的範圍內，要完成上面所規定的行為。

依據這種共同解釋，來設定職務權限的公司很多，可是，規則雖完整，有關權限的內容，雖也有詳細的解釋，不過，如果行使此項規則的管理者沒有行使的能力，一樣得不到應得的成果。

「有如此這般的決定權」、「有如此這般的命令權」，此種種內容的

羅列。如果無法下達合適的決定及命令，就無法完成管理者的責任。

被任命為課長，就要有適合遂行課長職務的必要權限，才是最理想的。而「權限」的意思，就是在遂行職務時，所必備的一種「力量」。

有些管理者，就是因為沒有這種力量或辦事的能力不足，於是，為了彌補自己的不足，才會要求將決定權、命令權等「權限」寫在畫面上，又因為沒有上述的內容，才會叫說沒有「權限」。

因此，「權限」並不能說同樣是經理級，或同樣是課長，就一切都均等。能力強的管理者權力也大，而能力弱的管理者，當然權力也要隨著變小，從這個角度來想，要把權限加以固定化，並不實際。

因為，權限有靠自己本身努力，來形成的性質，所以只要把權限善加運用，就會得到另一種追加的新權限，且會把無法善加運用權限者的權限，予以轉移過來。

總之，權限是要看本人如何運用，才能得到上司的委任，甚至可以說，是憑自己的工作表現而自然得到的，而「沒有權限」的管理者，等於就是把自己的無能暴露無遺。

把工作交給部屬去處理

一旦晉升為管理者的時候，關於工作的推進方法及想法，就要做一百八十度的轉變。因為管理者是擔當經營戰術的主要推動者，所以從前批評的立場，今天則將演變為被批評的立場，要讓「自己已經不是外野手」的想法，牢記在心。

「管理者不用直接參與工作，而是要運用他人來遂行工作，自己只要負起成果的責任就可以了。」

在被任命為課長之前，雖然已經是相當優秀的人，可是以前「優秀的能力」，只是以個人的成績，做為評定的對象。而擔任課長後，就要以所管轄的組織單位，來做為評定的對象，等於是課長的能幹與否，要以整個單位成績為基礎。

「組織」，扮演著為了經營目標的達成，或解決此過程中所遇問題的重要角色。所以要有讓部屬發揮能力的餘地，才能算是真正的組織，也才

能獲得預期的成果。然而，要讓組織的效率提高、要使部屬發揮能力，就是管理者的工作了。

過去曾經建樹佳績，或對自己的能力有強烈自信心的人，總是有要以自己的雙手，來推進工作的願望。因為，有「多給我吧！我會做給你看」的自負心，才會以滿腔的熱情，來從事工作。

某一個工廠的課長，他具有聞一知十的能力，且精通於自己工作範圍的所有事務。但其缺點就是，自己的工作一定要自己親自處理，才放得下心。當時間緊迫，需在最短的時間完成任務時，他就會一個人單獨留在公司，開夜車拼命的處理。第二天上午，大家看到他眼睛通紅，都不忍心的建議他說：「課長的任務，是要將工作交待給部屬去處理的，並不是要自己親自下手。」可是這位課長，始終無法改變原來的工作態度，因為他認為「我為人誠實、工作努力、又能毫無差錯的推進工作，要我把工作交給部屬，不如自己來處理，較能確實的完成。」

對於這種課長，部屬的內心難免產生「不放心把工作交給我們，我們得不到重視」的心裡。像這種類型的人，坦白說並不適合擔當指揮部屬來

完成組織工作的職務。所以，將其升為管理職的課長，還不如讓他站在部屬的立場，這樣，不但適合他的個性，更能使其自由自在的發揮出應有的成績。

前面提過的「對於自己工作有強烈自信心的人」，很多都是屬於此種類型。不過，如果擔任普通辦事員的時間過久「沒有機會去擔當指導人立場的職務」的人，也有同樣的傾向。所以，對於管理職的立場，自己應該要有「該如何處理的自覺」，來做自我的反省。

大多數的部屬，誤會了上司將工作交給他的意旨「我的上司真奇怪，總是把事情交給我，明知道我這麼忙，還要加重我的工作份量」，而發出了這種不平的怨聲。

因此，做上司的平常就得聲明「就是我相信你，對你有所期望，才會把工作交給你來負責」，像這種本意需儘早讓部屬了解。

雖然上司是把工作交給部屬來做，但卻必須負起全權的責任。而部屬也因有更負責任的上司，在自己的背後，所以對失敗就不再害怕，自己敢向高水準的工作挑戰，培養出自信心來。

給予資訊

組織高階會和員工所擁有的資訊，是無從比較的。例如，在老闆手中，可能會擁有一大堆無用的資訊，而部屬卻連最基本、最必要的資訊也難以得手。

所以，使得公司的組織表，形成了由上而下的標準金字塔，但其資訊量卻恰好相反，形成了上大下小的倒金字塔。

如果想要策定正確的經營方略，就必須要有多而正確的資訊，所以資訊量會形成倒金字塔形狀，也是必然的現象。

此外，如考慮到使組織能有效運用、培養人才，上傳資訊的集中化，則是必要下的功夫。

只要一有機會，上下之間「通信的活潑化」，就會不斷的受到強調。「為了要這麼做，該用何種方法才好呢？」當被如此問到時，就會想不出該以何種適當方法，來加以應對，僅僅用「多交談就會有更多的機會」，

這種不是答案的答案，隨便的馬虎過去。

只要高職位的人擁有大量的資訊，就可以順利處理事務的時代，已經過去了。如今最正確的方法，就是要適當給予部屬必要的資訊，因為如果連不必要的資訊，也隨意附加上去，等於就是將駕馬車的馬，矇住眼睛一樣。在這種情況下，部屬就會離開你。

所以，部屬的職責是把上司交代的方針想法，憑自己的手段轉變成具體的行動目標，然後，就其問題加以處理，以達成使命。

要工作推進方法更加活潑化時，即應該下行動目標或是將目標予以推行的時候了。此時，必要確實的資訊是絕對需要的。

①上司要「積極的」提供資訊

要從「留心」的觀念，演變成「提供」的實際行動，使其有更多接觸的層面。也就是說，要把公司內外的資訊主動的交給部屬。給與的時機，並不一定侷限於「開會」的形式，就算臨時碰到或是在走廊上邊走邊聊時「有關於那個問題……」等意思的交換，可以憑上司個人的作風，隨時提供給部屬。

②「提供」需以管理者的立場來做適當的判斷

上司提供給部屬的資訊量，要雙方都有相等「共有」的情況才理想。

然而，現在並不一定要這樣子，因為以管理者的身份來說，有些資訊是不能隨意的交給的。

「不能交給部屬的資訊」

「必需要交給部屬的資訊」

「交給部屬也無所謂的資訊」

「不必交給部屬的資訊」

上司應該對「那一種資訊應分在那一類，應不應該給予」等事項，做確實的判斷。而有關於「交給部屬也無所謂的資訊」，更要積極的提供出來，讓部屬來認識公司經營的情況。

可是到目前為止，仍有不少連「必須要交給部屬的資訊」也不交給部屬的上司，好像掌握著資訊，就象徵著擁有管理者的權威一般。所以，如果不能把資訊提供出來，就算是把權限委任給予來講，那也只會造成部屬的無從發揮而已。

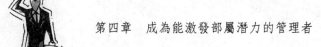

適性的發現及分開的使用

在組織當中，「適性」一直被認為是要按適才適所來安排。但如果以人事處理的方針來講，想要讓所有的組織都能順利進行，並不是一件容易的事，其關鍵在於上司個人的想法如何，以及能否將培育完成的人才，好好的善加利用。因為，就算將銳利的錐十支綁成一把，也無法完成鎚的工作，相反的，從錐得不到鎚的機能，鎚也不可能完成錐的功能。所以，上司必須要配合著目的，將錐、鎚分開使用才理想。

「能力主義」這句話極為盛行，而其意義就是，要讓承辦人負起和個人能力相符的責任，再把工作的成果，加以正確評估的想法。因為靠年資來論功行賞的作法，一直長久的持續下來，就算科學昌明的現代，也未被完全否定。其作法就是把所有的新進員工排成一列，然後再依照其日後服務的年資及本身的學歷，來做為評估的要素。

如果將服務年資列為客觀的評估要素，而本身對公司又有貢獻，那倒

還無所謂。可是，要是把年資當作功績，列入主要的考評，就會讓人感到不以為然，員工從此以後，也會跟著這種嚴肅的腳步，抱著得過且過的心裡來工作，那麼，公司當然也會跟著崩潰。

問題是「能力」的基準，應該依據什麼來判定呢？這是一件相當困難的事情。例如，是否以明星學校的優秀人才，做為用人的標準呢？其最佳的證明，就是不去理會用人的原則。

雖然，將公司職員集中於某所特定學校的作法，一直受到大眾的批評，可是這種指定學校的觀念，仍然普遍存在。

進入明星學校念書的學生，就會被認為其能力高，而且連社會上的企業也都相繼認同，這樣一來——所謂能力高的人才，將只是考試技術高超、或者是記憶力強的人而已，和大企業經營者，所期待的有智慧、有個性的人才，就會完全不同。

到底工作場上的上司對部屬的「能力」，要如何來了解呢？任何一家公司的人事考核表，其能力評定的要素，都是極為細分化的，但不管如何的細分化，想要讓其能力完整的表現出來，並不容易。

如果不將「能力」加以細分化，卻又要把「能力」，做正確的評估和運用，那麼，只有以實績來表現出力量了。此外，這種現象也可以用「實用主義」來表示，好讓周圍的人對「適性」能加以認同。

總而言之，如果想了解別人的能力，就需要擁有極為認真及客觀的態度。但對於工作環境的上司來說，就必須要有「錐」與「鎚」兩者，因為「適性的發現與培養」是要和「機能」分開進行的。

以加分主義來發揮部屬的能力

對上司來說「如何發揮部屬的能力」是一個極為重要的課題。一位平凡的部屬，可能會因為換了上司，而使其能力得以發揮，甚至獲得良好的業績，這就是和好上司搭配的證據。

但也有相反的例子，那就是對部屬過去的失敗漠不關心，或有些許關心，也只是把部屬的失敗當作話柄，來扯部屬的後腿而已。所以，上司的調職有時候仍會對部屬的培育造成很大的影響。

對部屬來說，和不了解自己的失敗，或不提起自己過去失敗的上司相處，較為輕鬆愉快。以減分主義來評價業績的上司，是用部屬失敗的事實做依據，來扣除考核的分數。萬一遇到「因為部屬的失敗，自己也需受連帶處分」的情形時，如是心胸狹窄的上司，就會將全部責任歸咎部屬的身上並加以報復。那麼，這個部屬將永遠沒有出人頭地的機會，其上班族的生涯，也就跟著結束了。

提升部屬能力的具體辦法，就是讓部屬去承辦比其本身能力稍高的工作。因為，長期間反覆從事相同的工作，將使部屬的工作意願降低，甚至使其工作能力停滯不前或減退。但是，要從事超過自己能力的工作之前，心裡上當然必須有承受失敗的心裡準備。

現在的世界，明天會變成什麼樣，沒有人可以預知，可能會遇到自己從未碰過的事情，或不得不覺悟的危險，即使是再謹慎的人，也不能保證自己永遠不會失敗。

減分的方法，就好像是在考汽車駕照一樣，其職務標準化的情形相當徹底，但對於培育人才方面，卻沒有任何的用處。聰明的職員，為了使自

己不至成為減分的對象，就會採取不休假、不遲到、不工作的態度，對多餘的事情，也會有多做多錯、不做不錯的心裡，於是，對所有積極性的行動都會加以控制，只求保身之道而已。

如果讓這種人成為主管，那麼公司的前途就令人擔憂了。因為，這種人成天只會顧慮上司的臉色，對公司的業績和企業的發展，卻從來不考慮，使得公司成為老狐狸的巢穴。

無論如何，為了謀求部屬的培育，必須採取加分主義的考評方式才適當，尤其，要經常注意其本人的個性、行動力、挑戰性。不要因為一些突發的失敗，就對部屬實施扣發薪水獎金、調職、降級、懲戒等處分，如同婆婆虐待媳婦一樣的人事管理。

而應檢討、反省事實的經過勉勵將來，讓部屬有敗部復活的機會，期待部屬能修正錯誤，不再重複同樣的失敗，認真從事工作。這種將部屬的失敗，轉變成有價值的失敗，是當上司的人應負的責任。

上司應該有「沒有經過幾次失敗的人，能做什麼事呢？」或「能幹的人，是需經過多次失敗才可以」的肚量。

具備勞資關係意識

公司員工在進入公司時，和經營負責人簽訂勞動契約，因此兩者之間開始產生所謂的「勞」「資」關係。

雖然如此，不過一般的主管階層，對勞資關係卻一點也不重視，這究竟是什麼原因呢？

「主管對於企業的經營目標、增加收益具有極大的熱衷感，所以對勞資關係不重視，也是不得已的事情。」這種人將「勞資關係」的責任，全部加在人事部門或工會工作人員的身上。

這樣的想法，前半部是對的，後半部卻是錯的。因為，這種人忽視了工作場所中，上司與部屬的關係（個別的勞資關係）。例如，工作的分配、日程的編排、工作的進行方法、加班的指示、作業環境的整備、危險或有害業務的勤務體制，以及嚴守工作場所的紀律等，日常業務中的任何一項，都會有經營目的的遂行和員工要求對立的情形發生。

列舉一個事例來說明。

假定一家製造工廠，發生了機械防護蓋破損，可能會對操作者造成身體上危害的事件。此時A察覺到這種狀況，立即向課長報告「這樣下去非常危險，要趕快換一個完整的防護蓋。」而課長卻回答「換防護蓋必須要停止機械的運轉，這樣就不能達到預期的生產量，況且本期根本沒有換防護蓋的預算。」而加以否決。

A對於課長的回答極為不滿，立即通知工會協助處理。工會經由委員的詳細實況調查，確認公司有換防護的必要，於是對公司提出交涉。這樣一來，原本是工作場所內應該解決的事情，就演變成勞資雙方的問題。

其結果，對換防護蓋可能會產生某些解決方案（公司承認換防護蓋的必要性，立即著手換裝作業，或約定列為下一期預算換裝）如此，工會可能會發表勝利的成果，但對A來說，就會對課長抱有「我們課長是不值得信賴」的反感。

這樣一來，這位課長的面子，就會完全掃地。所以，身為主管的人，對於如下的事情，必須特別的加以注意。

● 如何與部屬（從業員或工會會員）相處。
● 和自己的上司或人事承辦員，是否保持緊密的連絡或交換資訊。
● 是否經常與工作場所的工會委員，進行意見的溝通。
● 是否能真正理解勞動契約、就業規則及工作場所的注意事項。
● 對勞資關係是否能抱持正確、客觀的想法。

有些主管不僅對勞資關係沒有適當的想法，更有意識的避免深入。「勞資關係」對一位主管來說，是其所擔任的職位中最重要的一部分，有意識的避免深入勞資關係的主管，就是破壞勞資關係的人，公司應該將這些不負責任的主管加以排除，並積極培育具有正確勞資關係意識的主管。

培養說服力

身為管理者對於環境的變化，要有適應的能力，同時，為了條件的設定，必須和各相關人員保持密切的協調，才能使工作順利的推行。所以，培養說服對方的能力，對管理者來說，是不可或缺的武器。

在公開協調之前，常常要有事先溝通的階段，這時就需要利用有效的說服力，預先得到對方的贊同，要不然不管有多完善的設施，在公開的場合中一定會被加以否決。如此，不但工作無法順利的進行，更會被部屬認為是一個不可信賴的上司。

想要得到有效果的說服，平常就要是一個值得大家信賴的管理者才可以。如果沒有「他是一個可以信賴的人」這種前提，對方就不會聽你的話。因為只有平常的言行，才能使對方有所反應且採取行動，可見這種情況，是說服以前的問題了。

要說服別人之前，自己必須先對說服內容有充分的了解，否則想要無緣無故的說服對方是不太可能的。因為，如果不了解內容，說服的依據就不充分，自己也會失去自信，自然而然的失去了說服對方的能力。

要說服對方，可能不是兩三次的談話就可以解決的，所以一定要堅持到底不要輕易的灰心。要知道只有本身對說服的內容有充分的了解，加上奮鬥不懈的精神，才可以真正的達到說服的目的。

一、為了使自己對說服的內容，得到更多的了解。將自己從開始到現

在為止的工作擬出具體的方法，更重要的是，把結果正確的表示出來。

二、對方答應的結果，沒有付諸行動，等於說服的目的沒有達成。同時，為了使對方能積極的付諸行動，對對方的想法，必須以誠相待，並留有「希望你的事情，我可以幫上忙」的餘地。不過，這不能是違心之論，而是真心「我想要以此種方法來推進業務，希望你能把想法，提供給我做參考」表現能接受對方構想的態度。像這種彈性化的態度，如果遇到意見相對立時，或許是消除彼此固執想法的最佳武器。

反之，如果不把這種想法事先存於心中，硬是要靠自己的說服力來讓對方接受，很可能會造成激烈的情感反彈。

三、最理想的說服效果是，不要讓對方的心裡抱有「因為受到說服、要求，不得已只好答應」的想法。而是要期盼對方有「內容我已經了解，我的想法和你一樣，所以我願意配合你一起行動」的自動自發心裡，且要讓對方有「憑我自己的想法來行動」的滿足感心態。

想要成功的完成說服的任務，首先要說服者本身的內心，存有強烈的說服意欲，也就是要事先想好說服的方法，並有尊重對方想法的雅量。其

次，要有說服對方的勇氣與行動。

以上就是一個說服者所應持有的基本態度，如果說服者能以寬鬆的心裡來對待對方，那麼要說服對方的成功率就會更高。

成爲能接受好意且受人尊敬的上司

既然要在團體中工作，如果得不到周圍人員的好感與尊重，工作就無法順利的推進。不過，如能好好運用，這一切則將是充滿推動工作的潤滑劑。在任何的工作環境，多多少少會有「雖然工作能力強，可是風評卻不好」、「雖然他處事有一套，卻不得人緣」的這種人存在。而這些人就好像是一隻被從王座推下來，趕出族群的猴子，沒有人會去理會他的。所以，培育人才時，必須要讓他成為一個成功者，並且能得到周圍人員的擁護與支持。到底這種差別是從何而來呢？

①「個性」要開朗

首先，必須要有一個「開朗」的性格，如果給他人留下陰沈的印象，

就會永遠被這種氣氛所籠罩。雖然不一定所有個性陰沈的人都是陰險的，可是人總是感情的動物，會讓人有陰沈感覺的人，就沒有人願意再和他相處了。

某公司一位課長因為體質不好，不但說話有氣無力，而且面無表情，所以每當有女同事被他叫過去的時候，總會感覺害怕又討厭。

後來換了另一位課長來替代他，這位新任課長好像天生就有一副開朗的性格，每當看到部屬時，雖然離部屬尚有一段距離，但仍會叫著某某先生、某某小姐，且以愉快親切的語氣和他們交談。這種作法不但得到同事們的敬愛，更深深吸引了其他單位的課長及經理級人員的效法。

這位課長經常會利用「因為我到這附近來，所以就進來聊聊天」的機會，將自己要對方幫忙的事情，順便的說出來，以徵求對方的協助。就在這種和諧的氣氛下，不但對方的胸襟能自動的打開，更可以讓事情輕易的解決，並得到相當好的結果。

②要堅強

所謂「堅強」，並不是指身強體壯、嗓門大的勇士，而是站在部屬的

前面，對於艱難的問題、阻礙，能帶頭將問題解決的態度。

自己不怕苦、不怕難，肯面對問題的上司，一定可以得到部屬的信賴。可是，有些自以為很有才華的管理者，並不理會這些周遭的小事情，專門挑剔部屬的小缺失，來強調個人主義，這種人不但得不到任何人的支持，更會讓部屬產生一種「反正不信任我，通通交給課長去處理」的反彈心裡。

不過，任何人最珍惜的還是自己，對於能尊重自己的堅強上司，一定也會以出自赤忱的好意與尊敬來相對待的。

③要有「體諒感」

雖然「體諒」與「堅強」，會給人一種相對立的感覺，但實際上兩者卻有一種相輔相成的意識存在。例如「並不一定天下所有頑強的人都是男性」，「在黑暗中能走在最前頭，拿著燈光照耀著後面跟隨的部屬的上司，不但具有體諒的心，更抱有與同事同甘苦共患難的堅強情感，是不容置疑的。」

不過，對於總是想憑自己的才華走在他人前頭的管理者，上司必須要

給予適當且坦率的助言，以引導其成為一個能接受他人好意，並為大家所尊敬的管理者。

建立能讓部屬坦白建言的工作環境

對工作越有自信的管理者，越不能接受部屬的坦白建言，甚至無形中會產生一種「我不管在能力或處事效率各方面都勝過你，能力差的人，那有你講話的餘地。」「我了解這種狀況才會這麼做，小毛頭你懂什麼？」的態度，絕對不聽取部屬的建議。

這種不願聽取部屬建議的管理者，如果遇到狡猾的部屬，就無法駕馭了。當這種部屬說：「經理真行」、「課長真了不起」等諂媚的詞句時，可能會引起上司的好感。可是，一旦讓這種狡猾的人在公司得勢之後，能幹、直率的部屬，也就會相繼的遠離，緊跟著就會信賴感、團體觀念完全消失，然後組織解體。

部屬的建議到底是真心話，還是扯後腿的，只要你會聽話，一定能夠

了解。會做坦白建言的人，多數是性格誠實、坦率的人，對自己的升級、加薪不太注意，一心一意為公司前途著想。這種人和一天到晚看上司臉色做事的人是完全不同的。

上司無法察覺部屬建言的真義，或上司認為自己的想法完全正確，而部屬卻突然提出反對意見，心裡上會不愉快是難免的。不過，這些並不重要，問題在於對建議內容的看法和處理的方法為何？

對建議的真義、內容，應該坦白的加以反省，來報答建議者的意圖，才能使這個建議產生效果。建議對上司來說，是修正自身行事軌道的最好機會，如建立世界最大規模企業，ＩＢＭ公司基礎的湯瑪斯·瓦特遜二世，在繼承父親的事業後，僅僅在短短的十五年之內，就能建立屬於他自己的企業王國。他把成功的因素之一，歸功於「在錄用人才的時候，能夠摒除個人的私見，只要具積極向上的意志，且能坦白建言的職員——即使自己感覺很討厭，也能加以錄取。」

所謂「任何事情都能說出來的工作場所」，就是上司與部屬能夠開懷對話、溝通，不留下任何心裡疙瘩的工作場所。因此，培育能坦白建議的

部屬或製造出可以坦白說話的工作環境，也是上司的責任。

把眼光指向公司外面

身為主管不能只在公司內，以上司、同事、部屬為對象，來進行工作。有時由於工作的關係，需要經常和其他公司交涉業務，或對外發表公司的想法，這種情形就是公司給外界評價的最佳機會，這並不只是單單對出席會議的主管作評價而已，其影響可能關係著全公司的營運。

首先，主管要培養出能在社會上通行的能力與見識，為此，就要不斷的向公司以外學習，否則企業本身將會趕不上社會的進步。所以，通常都以公司所處的環境條件或公司內的特殊情況為基礎，來策定公司的方針，擬定經營的計畫。不過，必須注意有關人員，千萬不可把公司的經營方針認為是至高無上的東西，極端認為地球是以我們公司為中心來旋轉，而忽視了周圍的狀況及第三者的意見。

以唯我獨尊的意識，死守著這家公司的行動原理，在現代的資訊社會

裡，可能很快的就會被淘汰。因為如果沒有收集有價值的資訊，並且轉換成公司的行動力量，將使整個公司變成另一個世界的集團，導致企業的經營，面臨破碎的情景。

以前有些經營者，常對員工說：「如果有時間到外面跑，不如留下來做好自己分內的事情。」不讓自己或員工和社會、外界交往的經營者，不但不能培養主管高度廣泛的見識，更會使自己對政治、社會、文化一竅不通，最後導致企業經營陷入一片黑暗，因為企業本身，就是社會組織的一分子。

① 主管要積極吸收外面的空氣

很多主管常常會說：「工作這麼忙，那裡有時間。」可是當今的主管那有工作不忙的呢？假定有這樣的主管，那麼就要好好反省一下，人事管理政策、工作的處理和外界資訊收集的缺失，因為無法平衡處理這些事務的人，根本沒有資格擔任主管。

② 積極和不同行業的人接觸

行業不同，工作環境就不同，其構想著眼點也會跟著不一樣。所以，

只有與外界為接觸，積極的與不同行業的人士交往，才能吸收各種不同有效的資訊。不過，是否能有效的加以運用，那就是本人能力與意識的問題了，尤其千萬不能忽視政治、經濟以及大眾傳播等關係人物。

③所收集的資訊，以自己的力量使其發生積極的關連

身為主管必須積極的參與各項演講會、講習會，並且閱讀有關的書報雜誌，如果發現重要的問題，就要立刻請教講師，解答問題的所在。有時也可以到其他公司去拜訪、參觀、見習，不過，有些事情如果自己不給對方，對方當然也不會給你，因為單行道是行不通的。

④要有伴隨犧牲的覺悟，把視線指向公司外

把視線指向公司外，要以犧牲自己的時間及經費為前提，去參加各項研習會、演講會，如果想由公司來負擔，當然就不能隨心所欲。尤其是關於個人的交際方面，也必須要有自己來負擔的覺悟，當然勞力的負擔，就更不用說了。

今後，把視線指向公司外，事先了解環境的變化，將變得更加重要，因為這些已經不是做為主管的理想條件，而是主管的必備條件。

培養成功的部屬讓他到外面發展

上司看到部屬的成長，乃至於有成就是多麼快慰的事情。其極端的現象就是，學校剛畢業的新進職員，當被配屬到工作場所時，連基本的電話都不會打，條文式的備忘錄也不會寫，遇到事情時更不知如何著手，但是經過一年的培養，就會對上司所講的話，提出各種質疑和意見。

在工作場所中，熟練工作性質與技巧之後，就會被調任新職。不過，從剛進公司到屆齡退休的工作場所，終生廝守工作崗位者不少。對於一輩子在相同的工作場所，做相同工作的情形，當今的企業大多已不再採用這種人事管理了。

有句俗話說：「流水不息，靜水存垃圾。」如果一輩子都從事同樣的工作，將本身的能力因慣性化作用而消耗掉。為了提高本人的能力，以及工作場所的活性化，在一個工作崗位服務一定年限以後，就需調動到新的工作崗位，從事新的工作。

這是希望在新的工作場所，新的氣氛中學習新的工作，以謀求能力的多方面運用。

但是，對於這種人事調動，可能會發生一些意想不到的阻礙，那就是上司反對部屬調職。人事單位將長期在同一工作崗位從事相同工作的滯留人員一一列出，並以此為根據，來擬定人事異動案。不過，人事單位一向所屬的上司交涉，就會引起該上司的反對。

「好不容易才將他培養出來，使其能獨立工作，怎麼說調走就調走，人事單位也應該考慮，我多年來培養他的辛勞。」

「我最依賴他，如果他調走了，本單位的工作必定會受到影響，如果非從本單位調人不可，請調那些剛編入不久的新進人員。」

「只要我還負責這個單位，一個人都不許調走；只要我不調職，任何人都別想要調走。」

上司做出的這種反對，就是當上司的把部屬，認為是自己的左右手，可以方便使用的人。對不願意調職的部屬來說，這是值得跟隨的上司，不過，對希望能夠充分發揮自己能力、具有上進心的部屬來說，這種上司，

則是極不好相處的上司。

曾有過這種遭遇的部屬陳訴，「過去的四年中，我已經送走了好幾位課長，到底我還要在這個單位忍耐幾年呢？」所以，有工作意願及上進心的人，幾乎都在等待新的工作崗位及新的工作，以求發展自己能力的機會。

培育部屬是上司的職責，在一個工作崗位從事一項工作有所成長之後，就應該為部屬發現新的工作環境，提供其更有發展的機會。最了解部屬能力的上司，積極的為部屬尋找能提高其能力的工作環境，就好像父母親為了親情，喜歡把可愛的小女兒留在身旁，可是一旦女兒到了出嫁的年齡，就不得不找一位能讓女兒託付終身的女婿。

上司把自己苦心培養的部屬，送到新的工作單位，可能一時之間會感到很寂寞，而無法適應，可是為了部屬的前途，還是要很樂意的把他送到外面去發展。

主管應該要以此種心情來培育部屬，使部屬的成長具有將來性，更讓後來的新人，有個學習的榜樣。

第五章
引出新職員的新鮮感性

如何處理新人類

「新人類」這個名詞，已成為當今最熱門的話題，有人常說如果在工作崗位上，不能好好的運用新人類，就不能算是一個有本事的主管。

聽到年輕人的論調，保守的主管，開始為如何與這些人相處，而傷透腦筋。甚至消極的認為，如果遇到新人類進入我們公司，公司的幹部、主管，最好趕快離職走路。

生活在高度經濟成長社會中的這些新人類，不但養成追求享樂和浪費的惡習，更極端的排斥被管理制度。遇到困難的事情或難以處理的工作，男孩子就會說「與我無關」，而女孩子就說「我不知道」等詞句，來加以推諉塞責。以這些新人類來服務顧客，如果公司老闆沒有新的感覺，那麼生意必定失敗。

此外，在公司內的主管，如不了解這些新人類，就會遭到排斥，或在排斥之前，這些新人類就會先行離職。

也就是說，他們感覺工作的報酬和自己的期待不相稱時，就會失去對組織服務或奉獻的心情，非常不願意自我犧牲。

現在企業所面臨的問題，就是如何來培養這些新進人員。要想把這些年輕人培養成公司的一員，必須先理解他們的感覺、感性以及特色。如果不能理解這些人，而加以妥協或放棄教導的責任，隨其自生自滅，這樣對公司或這些年輕人絕無益處。

把這些新進人員當成客人來實施新職員教育，可說是本末倒置。其真正的作法應是，使新進人員能了解公司的立場、本身應持有的工作態度以及如何在組織上成長自己的能力。

以前的主管會犧牲自己為公司服務，只希望對公司有所貢獻。但是，現在的年輕人，則希望有一個能夠發揮自己能力的工作崗位及工作。所以，當主管的應該正確把握這種年輕人意識，來創造有魅力的工作場所。

工作就是全部的生活，生活就是工作的想法，已經出現了轉機，也就是說，這種思想並不只是年輕人所獨有的，而應是所有人都能將其溶入工作場所，否則主管就不能確實的達成做主管的責任。

教育部屬是工作崗位的責任

新進人員到了工作崗位以後，如果無法配合工作單位所期待的能力，不能獨立作業時，有些主管就會開始埋怨——

「在新進人員研習會中，究竟接受了什麼教育。」

「教育部門究竟是怎麼教的。」

如果把這些罪過，都歸咎於負責新職教育的人事單位，那將是大錯特錯了。因為，新進人員的集中教育，主要是講授各個工作崗位中，具有共同性的必要課目，且考慮教育的效果與指導時間的經濟性來集中實施。所以，不能斷然認為只要接受過集中教育，就應該通通了解，而應在各個工作單位反覆的指導，才是真正理想的方法，也是所屬單位主管的責任。

①整備工作的指導計畫，讓全體職員能徹底了解並要求其協助

首先選任指導承辦人，從整備階段起，讓他參與各項活動，並聽取其意見，以便提出指導計畫。

當計畫擬定以後，必須讓工作場所的全體員工，都能徹底了解計畫的宗旨。雖然指導承辦人是推動計畫的主要負責人，但公司的所有職員，如果不了解或不接受新進人員的意圖，又不能予以協助，更談不上可以讓新進人員，獲得任何實質的效果。

② 不要急著期待新進人員立即發揮其能力

配屬新進人員，並不是為了消化目前作業的人事，而是以培養將來的儲備幹部為著眼。對於目前所需的職員，就以互相支援或持兼差人員的方式來消化，如果硬要使用新進人員，就不能達成採用新進人員的意圖及其培養的宗旨。

不過，即使如此配屬單位如遇到缺員嚴重，而人事單位又不能及時補充且工作繁忙時，還是會忽視教育計畫，運用新進人員來工作。

剛開始時，這樣的作法可能會被認為，只是一項應急的措施，可是時間一久，形成了既定的事實，最初的指導計畫，就會完全破壞。因此，在不得已的情況下，借用新進人員來支援計畫時，應該配合指導計畫，一面讓新進人員從事工作，一面實施實地的教育。

百貨公司將春季進入公司的新進人員，實施短暫的接待訓練後，在七月中元節時，就派到第一線櫃檯來從事工作，讓新進人員能在這繁忙的時期，直接面對顧客，來學習實務。

由於這種方式，已經包含在新人的教育計畫中，所以，只要指導與培育，能按照計畫進行，以後的考評就容易實施。不過，這與錄用工讀生協助工作的進行方法，在本質上有所不同，千萬不可混淆。

有些單位主管，私下與人事單位交涉，以至於多獲得幾位新進人員的配額，就以為可以好好的鬆一口氣。這樣的上司，很容易把新進人員的在職訓練，委諸給其他職員代行。所以，人事單位在完成新進人員的配屬之後，必須繼續監督培育的狀況，如果成效不彰，就要加以建議或協助，不得已時還需考慮新進人員的轉配。

決定指導承辦人

新進人員結束了集中教育以後，就配屬到各個工作崗位。也就是說，

從以往的集體行動，變成了工作崗位的單獨行動，此時這些新人將產生「應該學習什麼？」「新的工作單位，究竟是什麼氣氛？」等不安或迷惑。至於接收這些新人的工作單位，則由於急於早日將新人培養成功，而實施過分的要求，導致彼此的摩擦。

權衡這兩者所獲得的教育效率，讓新進人員能安定在工作崗位上工作，將是指導承辦人的責任。

問題在於承辦人的選拔方式。

指導承辦人具有雙層的任務，那就是所謂工作的指導與生活的指導。這種任務如能由一個人來承辦是最好不過，但實際上卻不可能實行。因為，有關工作方面，需要一個非常了解工作內容的資深職員來負責，而且要熟悉工作上的知識、技能、經驗也需要花費一段相當長的時間，所以指導員與新進人員，在年齡上必須有段差距才可以。

但生活指導方面，卻需要一個能理解新進人員意識的年輕前輩。因為這種生活指導員，不但要調節新進人員與上司或其他職員的人際關係，更要依各種不同的情形，來做為新進人員諮詢的對象。

如此看來，工作指導員和生活指導員，不僅要分開人選，更要依工作場所及工作實況，來慎重檢討。

工作指導員由於長期的學習，所以能在工作知識和內容方面，獲得豐富的經驗。不過，對於教人的指導方法，可能會發生不得要領的情形，所以，在迎接新進人員之前，有必要實施「教導工作的方法」（監督者訓練），讓指導人員學習指導的方法，而且這種教育對其本人來說，也是一個啟發的機會。

生活指導員運用其前輩的經驗，來解決新進人員的煩惱，並適時適切的給予勸告、建議。例如，新進人員進入公司兩三個月後，就會出現「現在的工作條件和事前所聽到的工作條件不同。」「我被派在與我個性不合的業務單位，請改派。」「宿舍的生活不愉快」等諮詢問題。

本來這些問題，應該向工作場所的上司提出才對，但實際上並沒有這樣做，以至於給自己帶來了許多不必要的困擾。又因年齡上的差距，使得彼此在意思溝通上，難以做更進一步的接觸。

雖然上司與新進人員無法溝通的原因不少，但是為縮短兩者的差距，

生活指導人則應負更大的責任。如果可能的話，將生活指導員的名稱改為輔導員，來負責幾位新進人員的輔導工作，也非常可行。

工作也好，生活也好，指導員在照顧後輩的過程中，由於自覺做前輩的責任與任務，以至於累積了更多的經驗，所以前輩本身也會跟著成長，而「指導」則成為承辦人本身寶貴的實踐教育。

前輩將任務交給後輩，由後輩再交給後輩，就稱為「輪班指導」。在這些人手中，不但可以培養強烈的連帶意識，而且也能使公司具有傳統優良風氣，乃至於獲得最佳的成果。所以，不要只考慮一個年度的指導員，而要以長期的人選來加以考慮。

給予自我表現的機會

所謂「新人類」的新進人員，如從其言行方面來說，則可稱為「等待指示族」。也就是說，這些人對於指示等待的事項會忠實的去履行，而對未指示的事項就漠不關心，不會主動的採取行動。

不過，也並非所有的新進人員，都會表現出這種心態，也有主動積極尋找工作機會的人，且能自動自發、獨立自主的來處理。現在的主管，也曾經有過這種願望，只不過當時沒有真正的付諸行動而已。

時代轉變，不能再忽視年輕人的感覺了。所以，製造積極活用新進人員的機會及表現自己的環境，就成為上司的責任。

①讓新進人員選擇自己想做的工作

企業是一個具有經營目標效益的集團，所以，能讓新進人員自己來選擇工作範圍的弧度也是有限的。但是，讓年輕人參與達成目標的步驟、提出坦白的意見、自由發揮的環境等，絕不容缺乏。

②讓年輕人快樂的工作

有人說：「舊人類是螞蟻，新人類是蟋蟀。」那是因為舊人類是為將來孜孜不倦的工作，而新人類則是為了享受現在而工作。所以，必須考慮到年輕人希望表現的心情，以及創造能使其快樂工作的條件和環境。

最近在各公司盛行的各種活動，如企畫、實施及活性化等實際行動，年輕人的感性和衝勁，所顯示的影響力，是年長者所無法比擬的。

而最近成為熱門話題的「TEAM DEMI」小型文具組合，就是活用新進女性職員的點子，獲得消費者共鳴的暢銷品。其意義在說明，只要能用心的將年輕人所具備的能力、條件，加以組合整備的企業，都能獲得良好的成果。

③以「實績」來評價

工作應以實績來做為評價原則，但是，有些缺少經驗的年輕人，因為有試行錯誤的經過，因此就不一定會按照原則來實施。

不過，年輕人卻能承認「自己所選擇進行的工作，必須由自己負責任的事實。」所以，上司和他們要坦白的對話、溝通，並給予適切的建議與評價。也就是說，把工作的評價及人事的考評結合在一起，再以慎重的態度來進行，才不會使年輕人自我表現的積極意願受到挫折。

寬容部屬的失敗

主管以業績的結果，受到上階層長官的評價，且以結果來決定勝敗。

而服務期間較短的年輕職員，則以從事工作的過程為中心，並以「對這個事情如何處理」「對這個事情產生什麼樣的反應」等方式，來重視工作的過程。以結果決定勝負的主管，當然不容許這種辯解，因為萬一發生了錯誤，不能獲得預期的成果時，主管就必須負起全部工作的成敗責任。

剛進入公司的新進人員，大多數都依據上司的命令或指示來行動。因為依照指示行動，即使不能獲得預期的效果，也不會被追究責任。

對沒有權限的人追究責任，是一件殘酷的事實，不但會讓部屬有回避責任的想法，更會使部屬不敢採取任何積極的行動。如此，也就不能期待培育部屬能力的成果。

所謂重視經過責任勝於結果責任，就是希望部屬能反省對應的方法，以失敗做為成功的後盾，活用於下一個工作上。也就是說，必須以「失敗為成功之母」的意識來教育部屬，否則新人是不會有所長進的。

在某音響製造公司的新進人員教育講課中，向全體受訓人員詢問，進入公司十個月以來，對庶務研習感想及反省。其中有一位學員提出報告說：

「我從小就非常喜歡音響，在大學的時候更是主修音響課程，然後才進入這家公司的。可是，我所配屬單位的課長，一見到我就說：『希望製造出來好聲音』，只是強調著這個問題。我也非常拼命的工作，想達到課長的要求，經過幾次失敗後，終於完成了我最有自信的作品。於是，便興高采烈的呈給課長聽，可是課長卻重複叫著『不行！不行！』我問他什麼理由，課長僅回答『你自己想』，就不再多說了。

經過五個月之後，我開始對這項工作感到厭煩了，最後終於下定決心向課長談判，『請你說一句不行的理由』，課長凝視著我說：『你所認為的好聲音是不行的，找出顧客要求的好聲音，不就是你的任務嗎？』我聽了這句話之後非常感動，如果當初課長對我說這句話，可能我根本不會了解這句話的真義，可是半年之後，再教導我顧客要求的好聲音，我便能輕易的分辨出來，實在非常感激課長的教導。」

這時候，全場的受訓學員一起響起熱烈的掌聲。

這就是課長承認部屬失敗的權力行使，使其能發覺到真正好的聲音。

所以，與其說發覺好的聲音，還不如是發覺到好的新人。

徹底實施教養教育

主管或資深前輩煞費苦心地，與新進職員相處，是不爭的事實，不過卻有兩種不同的作法。一種是認為他們還年輕，即使做錯事也不會加以追究，而另一種則是想盡辦法，刻意的接近這些年輕人。不管是接近年輕人或忽視新人，就教育新人來說，這兩種作法都是不對的。

前輩對年輕人的態度，對他們人格的形成，具有相當大的影響。如果考慮到他們的將來，就應該將必須教導的事項，毫不保留的傾囊相授。對他們太客氣等於就是放棄責任，因為不教導年輕人，他們就一無所知，更談不上以身作則。

以前學校老師，常會教導學生一些課外的事情。可是最近卻連老師都不知道，即使知道也很少有老師，會去教導課程以外的事情。公司就在這種背景之下，不得不在新進人員進入公司時，教導他們一些最低限度的團體規則，並且在教材中追述有關社會常識的內容。不過，這些內容並不是

閱讀就能了解的，態度方面教育，是必須反覆的訓練。

每年將近有一千萬人，前往遊玩的日本狄斯耐樂園，以對其工作人員的服裝，進行嚴格要求而聞名。例如，女職員所使用的絲帶寬度，一律規定在一・五公分以下，結好的長度則在十公分以下，且顏色黑色。頭上的帽子需離開眉毛兩指間距，耳環以直徑六公釐且能固定於耳根為準，指甲的長度，不得超過指尖三公釐，一切限制、規定都相當的嚴格。

可是，為什麼狄斯耐樂園實施那麼嚴格的管理，卻還有那麼多人來報考呢?這也正是狄斯耐大學的研習機關，徹底教導這種管制的理由，而且每一個接受教育的人，都會心悅誠服的接受。

公司對職員的教育中，其說話的用語、接待顧客的方法等有關必須教養的事項，可說是堆積如山，而問題卻在於如何找出讓年輕人心悅誠服的教導方法。

那就是，不要一味的採取填鴨式的教育，要他們能自動自發的學習，由上司與前輩加以協助，才能獲得效果。雖然新人教育費時費力，可是這卻是前輩對後輩的責任與義務。

教育新進人員讀、寫、算

有人說：「今天的社會是高學歷的社會，但並非高學力的社會。」當我們看到新人類的表現時，就會認為這句話言之有理。

在新人類中，有些人不但具不錯的外文能力，而且也能了解最新的ＯＡ技術，使得中、高年的同事，紛紛以羨慕的眼光看他們。但並不是所有的新人類都具有這種條件，況且光有這些條件，也無法完全應付工作場所的事務。由此可知，現在的年輕人對於「讀」、「寫」、「算」三方面，實在不擅長。

所謂「讀」、「寫」、「算」，聽起來似乎有些古板，但卻是進行工作的必要手段。「我會操作ＯＡ機器，所以不要讀、寫」這樣的說法是行不通。因為讀、寫就是整理知識或資訊的必要手段，想要一開始就做好，可能有困難，所以在新進人員教育時，首先要確認其會不會讀文章，讓他們朗誦教材，看看有多少人可以順利的讀完，看多少人會讀錯音，或能一

個人默讀，卻無法在別人面前大聲朗讀的有多少。

最近，剛從學校畢業的學生，文字的素養非常低，可是一旦踏入社會，進入工作場所工作時，文字素養不夠，就完全行不通了。

有不少資深的主管憤慨的說：「這些年輕人，連最簡單的條列式文章都不會寫。」這些年輕人不會寫簡要的條列式文章，或許是時代的趨勢吧！他們從小就拼命的看漫畫書，不要說寫非常好的文章，恐怕連基本讓人看得懂的文章，都很難寫的出來。

當上司注意到這種情形，加以詢問時，他們便會坦然的說：「在學校沒有教過。」

在企業內部研習會中，接受解決問題訓練的學員，之所以會無法集中思考或組織程序散漫不能提出自己的想法，就是因為本身對「閱讀」、「書寫」不擅長。

所謂「算」，並不是指有算珠的算盤或是電子計算機，而是指對收益意識的觀念。就如必須徹底反省，在月底領薪水是理所當然的事一樣。此外，一些中高階層的職員，也有對「算盤」意識不關心的人，這些人的作

為將是年輕人的前車之鑑。

不知何因，這些年輕人竟會對這種基本常識如此陌生，我想這並不是只說說「不知道、不懂」，就能了事的。追根究底，還是需要上司確實負起教育部屬的責任，使其能真正了解這些常識。

因此，直屬上司對部屬的教育，必須經常利用機會，反覆、直接指導「讀」、「寫」、「算」，才會有效果。不能只感嘆「最近的年輕人，都是高學歷卻非高學力」，要想到他們是因為不曾被教導過，才會不想學習，不知道其重要性。

第六章 以團體領導人的活動來培養企業力

重新認識小社團活動

社團活動的特色是組織性的活動，而小社團活動則是自主活動，其中被稱為「小社團活動」的自主性活動，最近倍受矚目。這些活動，主要是由成員們利用中午休息或下班後的空閒時間來進行，一點都不會佔用上班的時間。

當這種活動剛開始興起的時候，某公司的工會，曾經以在上班時間外，從事工作是違反勞基法為理由，向公司方面提出嚴重的抗議。但是，現在這種疑慮已經完全消除了，不僅使小社團活動，盛行於各個工作崗位，更獲得相當好的成果。

重新認識這種小社團活動，是這種「自由活動」能在工作和生活上併立的最主要原因，不過，最近年輕上班族的這種想法，是否可以被持續的容忍下去，則有待商榷。

十幾年來企業方面對這種活動的對應方法，有了顯著的變化，他們從

援助的消極立場，進一步承認這是上班時間內的正式活動，或配合上、下班時間來進行。如果在假日從事這個活動時，公司方面還需支付餐費等津貼，這也正是這種自主活動要利用自己時間來活動的困難性。

把工作和生活併立的上班族意識，正在日益的增強。其中一項調查是針對「進入公司三個月後的新進人員意識」，以（各大學一千三百五十一名畢業生為對象，於剛進公司及進入公司三個月後等兩次時機，同時對一個人實施）。

「對犧牲自己生活，而希望為晉級努力的人」，從剛進入公司時的百分之三十四・四，下降到百分之二十八。而「如果犧牲自己的生活，就不想晉級」的人數，竟從百分之六十三・八上升到百分之七十一・一。

這種調查結果百分比所顯示的現象，就是新進人員隨著了解工作單位的實況，逐漸出現了掃興的氣氛，以及對小社團縮短勞動時間的問題，顯示出極高的興趣。因此，他們對小社團活動及工作，影響了他們的生活時間，表示出最嚴厲的抗議。

所謂「小社團活動」，就是基於團體本能的創造性開發活動。有人認

為這是一種恢復人性、尊敬人格的作法，不過，從最近年輕上班族的意識來看，過去十年所進行的小社團活動，是否能繼續存在，則有待商榷。

企業方面盼望其職員能發揮團隊精神，但卻只是企業方面一廂情願的想法，因為這種想法已經面臨考驗的時期。

千萬不可忘記小社團活動，就是經營管理，需把這種構想自主積極的列入上班時間來進行。如果在上班以外的時間實施小社團活動，就必須支付加班費。

當然，企業對於小社團的自主活動，不必多加干涉，只需積極的從旁協助期待成果即可。

也就是說，企業方面對自主活動的特性，能容許到何種程度，將是今後小社團活動，應加以深入研究的課題。

重新評估小社團活動

在工作場所中，所展開的「小社團活動」，以非正式的組織較多，而

且從事這些社團活動的人員，也都是超越處、課等縱向組織，或以作業單位所組成的社團。

這些社團活動所獲得的成果，則有賴於領導者的才幹與手腕。因為有經驗的領導者，可以把社團活動的經驗活用在今後的工作，並且培養新進人員，成為組織裡面的一員。不論社團活動中所結構的主題是什麼，社團活動仍是培育人才的最佳場所。

培養社團領導者，必須具有如下的性格。

①社團成員要有限制

所謂「小社團活動」，顧名思義就是其成員的人數，必須有所限制。因為採用大組織，不僅會使成員不了解其他組織「處、課」的工作概況，更會連自己所屬的組織，有什麼想法或者是要往什麼方向前進，都不能做正確的掌握。

成員變成了機器中的零件，或是固定式的齒輪，這樣就不能養成自主的意識。所以，小社團活動的真正意義，是以能夠面對面溝通，在互相理解的情形下，來進行活動為前提。

②自主、自立、自發的社團

小社團活動就是由團體的成員，自己來嚐試，並以自己的想法來活動的團體。

此外，小社團活動也可使成員們，在人與人的接觸中成長、互相傳達周圍與外界的資訊。如受到某方面的刺激，更可以加以吸收，使之成為自己的經驗，再以自身所策定的計畫，分配給各相關成員，來解決此項問題，達到最初擬定的目標，以便向新的課題挑戰。這樣一來，就可以逐漸提升成員的知識與才幹。

③小社團領導者並不是工作崗位上的職位

在小社團活動中，其領導階層是以主管、主任、領班等名稱來擔任，但這並不是工作崗位上真正具有主管性質的領導者。具有責任、權限及頭銜的領導者，實在不適合做為非正式組織活動的領導者，因為，由上至下依命令、指示進行的組織活動，和以自主、自立、自發為特色的小社團活動，是處於對立的狀態，而且這種活動，需要領導者或組織的成員未固定化才有意義。所以，這些不具有指揮權限的領導者，必須靠本身的領導能

力和成員的協助，才能達成小集團活動的目標，比起具有權限的管理、監督者更難。

對「小社團活動」的推行和效果，提出否定性批判的人實在不少，但是這種由工作場所第一線的員工所組成的團體，卻毫無疑問的可以做為培育人才的舞台，所以，公司如果能將曾經擔任過小社團領導者的經驗，列入晉升主管的條件之一，那麼，這種小社團活動將更有活力和效果。

慎重選擇領導者

組織的成敗，受到領導者的左右。拿破崙有一句名言「一隻狼領導百隻綿羊，比一隻綿羊領導百隻野狼更強。」

這句話的意思是說，有能力的領導者，才會有將雜牌部隊，訓練成一級勁旅的力量，而社團活動也是一樣，能獲得良好成果的社團，一定有一位能幹的領導者。

所以，選擇社團活動的領導者，必須以如下的方法進行。

一、由成員互選。
二、輪流接替。
三、由第三者指定。

真正能讓成員們心悅誠服的方法，就是互選。不過，輪流接替也有其公平性，因為這種方式，具有使全體成員都有體驗領導者角色的機會，以及站在領導者的立場思考、行動等教育效果。但如果成員中，有無法勝任領導者職務的人，則必須加以注意，以免造成不堪設想的後果。

第三種由第三者指定人選擔任領導者的方式，會使成員們，有被人支配或為某種目的所組成的團體的感覺，所以對自主、自立、自發的團體來說，這並不是一個理想的方法。不過，在初期時為了使社團活動能儘早步入常軌，這種方式卻是可行的方法。

至於領導者，必須具備如下三要件：

①開朗的性格

領導者必須具備的條件，就是能獲得全體職員的信賴，以及能產生使大家敢放心暢談的氣氛，讓全體成員敞開胸懷，商談做人的魅力。為此，

有開朗的性格是最為重要的，因為有開朗的外表、開闊的胸襟，幽默的語言以及耐心聽取別人談話雅量的人，自然而然就會受到成員的信賴。

② 服務全體成員的做法

經常努力為人服務的人，就是具有「如果我能幫忙，就會盡力幫忙」的這種服務意願的人，換句話說，也就是具有「希望照顧別人」態度的人。

③ 旺盛的責任感

對自己所扮演的角色及擔負的任務，必須要有貫徹始終的旺盛責任感。

社團的領導者本身的工作很忙，而且成員的意見各不相同，於是只有調整統合這些不同的意見，才能產生新的想法與構想。不過，這種作業並不簡單，不具有任何權限的領導者，很難去壓制反對意見而迅速的獲得結論。但也不要因此就灰心喪志，要孜孜不倦的抱著「雖千萬人吾往矣」的旺盛責任感，才能順利達成任務。

最重要的在於，一開始不要設定太高的期待，尤其，在性格或決心方

面要求太嚴格，任何人都會認為我沒有資格當領導者。

所以，在選定領導者以後，只要指導使其具備服務的精神、開朗的性格以及強烈的責任感即可。換句話說，就是以社團活動來培養領導者，然後再由領導者來帶動整個社團的活動及成員。

對社團活動表示理解與關心

雖有獲得良好成果的小社團活動，但也有不少小社團沒有獲得任何成果，其主要原因，多數是所屬的上司，對其活動不關心或不理解。

「社團活動是自主、自立、自發的活動，如果從上司的立場提出意見或給與援助，是不是會違反活動的宗旨，而帶來不良的影響。」

「我工作這麼忙，根本找不出時間來照顧這些小社團活動。」

「領導者的能力不足，或根本沒有統合成員的能力，就把不能成功的原因歸咎於上司的不關心或不理解，來推卸責任。」

「其他公司成功了，就認為自己的公司也會成功，這種想法是不對

的。或認為以往公司的工作中，沒有發生過這些問題，今天也應該不會發生。」

管理者之所以會說以上的話，完全是由於本身對社團活動根本不關心、不理解，或對麻煩的工作不願負責的先入為主的觀念所產生的。因此，社團活動的成員，必須以智慧及實力，創造新的東西使上司了解，才能使社團活動獲得尊重。

為此，承辦人事教育的有關人員，必須對組織活動的成員，進行徹底的洗腦教育。例如「上司有意見或要加以援助、干涉社團活動」的類似辯解，就把社團活動所檢討的主題，詳細分析給上司了解。

如此，上司就可以進一步了解，社團活動所處理的內容都和日常的業務內容有直接的關連。這個問題原本是應該由縱向組織的各部門主管來負責解決，但卻把這些問題，變成社團的草根性運動，並以橫向組織的社團活動，來負責研究解決的方法。

如果上司認為以往公司的措施，已經足以滿足需求了，而不滿這類的活動時，就必須運用社團活動的意義與宗旨，請上司冷靜的觀察其成果。

工作崗位的上司，應該加深對社團活動的關心與理解，適時的從幕後伸出援手。因為只有幕後援助社團活動的主管，才能受到成員的信賴，獲得部屬的尊敬與支援。

對社團活動給予適切的評價

社團活動是由成員們自主、自發、自動進行的活動。所以，檢討的課題如受到上司的建議或提出意見，最後仍需由社團的成員自己來決定作業方式，並以自主的營運和調整來實施。這不僅是社團活動的優點，更是其被稱為尊重人性的原因。

但是，對工作有關的上司，站在建議者的立場陳述意見或感想，並給予適時的評價，亦相當重要。

而努力邁向目標的成員，則必須接受上司的批評和評價，以做為其反省的材料，考慮修正缺失。如果上司評價達成既定的目標，那麼成員對以後的作業也會產生更大的意願。

總之，上司對社團活動要充分加以留意。

① 對小社團的成員有心悅誠服及適切、適時的評價

上司對成員們，能利用時間解決工作崗位的問題，應該加以慰勉。不過，過分的慰勉可能會引起誇大的評價或過度的批評，而傷害到組員的心或工作態度。因此，要正確分析其工作的內容，提出能讓社團成員心悅誠服、公平公正的評價。

② 舉行發表大會

大多數公司，每年會舉行一、兩次全公司社團活動的發表大會，並請公司的領導者參加，且做綜合性的評價。以下就是檢討社團活動的場合中，所應注意的事項。

一、對成果發表的準備不要感到不安。

平常對社團活動，不太關心的上司，如果突然對社團活動表示關心或照顧，就會給部屬看不起。因為這種上司擔心所發表的成果，如不能名列前茅，將會影響自己的成績及評價，也會因此變成自我保身意識勝過對社團活動關心的可憐上司。

二、不要成為為發表而發表的大會。

不少公司在舉辦社團活動成果大會時，非常講究排場，好像要從事表演活動一樣。但是，負責評價的評審，應該把重點放在對社團活動的熱忱或創造性的活動經過。如果僅注意豪華的表演，對腳踏實地、樸素的成果發表置之不理，就會失去當評審的資格。所以，一個盡責的評審，應該仔細觀察所提出的個體及社團組員是如何認真的研究而獲得成果。

此外還必須留意，不能只欣賞那些以技法為中心且可以數值化的活動，而對於不能數字化的社團，就完全不重視，這樣，不僅會成為為發表而發表的大會，更會傷害發表大會的宗旨。

不要把為感謝和勉勵的大會，變成爭功奪利的集會。有些公司對參加的社團，只予以表揚而不列任何等級，這種作法可說是一種相當明智的作法。

三、發表行為是上司與社團成員溝通的機會。

大會是為了聽取社團活動的經過和成果所舉行的，但如果其內容太偏重於某一項專門領域，或借用教科書的內容，就不能引起與會者的興趣。

所以，站在聽取發表內容的立場，上司如受到成員的諮詢，就要對發表及進行的方式提出坦白的建議和指導意見。

總而言之，只有借重發表會的時機，才能使上司和組員的溝通，變得更加活潑化，而且在大會中期待成為建議者的上司角色，也才能充分的表現出來。

提高問題解決能力

在工作場所中所發生的各類問題，不能單單以一種技法來解決。此外，雖然思考的經過相同，而僅對一些工作場所的爭執，花費無謂的時間或心力來處理，也無法提高工作的效率。

所以，對何種程度的問題，採取何種手段、技法來解決，則需依領導者的才幹而定。為此，必須給予學習解決技法的機會，不過要從正確把握工作場所的「問題」開始著手。

所謂「問題」，就是「應有的狀況」與「現有狀況」的差異。而「應

有的狀況」就是「提高百分之百銷售額」的期待目標，至於「現有狀況」則是指「即使目標如此，但在現狀銷售額，卻有下降的趨勢。」所以，即早發覺這兩者的差距極為重要。

一、那一種產品如何降低銷售額（現狀把握）。

二、從什麼時候開始發生這種趨勢（原因分析）。

三、如果保存原狀，又會發生何種結果（將來預測）。

四、策定對策（緊急對策和根本對策）。

例如，以賣場資源趨勢來做為研究主題。從調查現狀把握開始，一直到策定對策、提高銷售額的行動為止。

其問題就出在「除這種差距之外，還需考慮時間、經費、能動員的人數」等問題之後，才能做最適切的選擇。至於在進行對策時，一些不能抗拒的障礙，更需加以考慮上去。

總之，隨著時間的演變，不僅各種狀況會發生變化，其內容也會有所改變，所以，必須採取最迅速的方式，正確的加以處置。

為了謀求這些問題的解決之道，就必須認真培養如下的能力。

①實況感知力

所謂感知力，就是運用看、聽、聞、嗅、品味、觸摸等五種感覺，來察知問題。和「為什麼」、「這種狀況是否適當」等現狀否定的思考，直接連在一起，持續不斷以新鮮的感知和彈性的覺悟，來觀察或察知整個事務運作的實況。

②資訊收集力

最理想的資訊收集，是從平常的工作中，就能收集與自己有關的資訊。而資訊的問題，則是具有目的意識，加以收集資訊，不怕麻煩的分類整理。萬一收集資訊來不及時，就必須立即從有關的工作場所及相關人員處，收集正確的資訊，以做為問題解決的材料。

③問題形成力

對現在或背後的事實、對照所收集的資訊來獲知的事實、找出形成問題實況原因的事實，檢討對策並運用曲線圖法、特性因素圖、統計圖表以及管理圖案技法，來加以綜合運用。

④ 對策的行動化

對個別事實的對策，如從高層次的立場，來加以統合觀察，就會產生矛盾的情形。例如，以方法論來說是最好的對策，但從所需的經費、金額來看，就可能因為不經濟而加以否定。或有做為第一次案最好，可是因情勢的變化，不得已不以第二次案來妥協的情形。

為了提高問題的解決能力，必須具有問題意識與關心，以及了解解決問題的技法、對策行動化等基本知識。

這是援助社團活動的管理者，做為研究指導的最佳案例，也是上司學習的好機會。

指導「備忘錄」的寫法和「發言」的方式

社團活動是以成員交換意見或商談、協調的討論方式進行。因此，討論效率的高低，就會直接影響到獲得的成果，所以在事前對社團的成員，指導其正確運用備忘錄及發言的方法是相當重要的。

經常發現在會議中，有些人非常認真的記錄他人的發言或在黑板上的字句、數值。但開會時，當大家期待這些人會提出很好意見的時候，他們卻一言不發的呆坐在座位上，如果主席指名要他發言，更會做出一臉無辜的表情，勉強說出一些空洞無實的內容，使得以交換意見做為討論宗旨的會議，變成是浪費時間的聚會，而不能獲得任何成果。

所以，在需要記錄的會議中，就派一位擅長記錄的人來擔任，並事先聲明「不必攜帶任何筆記用品，只需積極的參與討論即可。」

至於記備忘錄的效用則在於，其能迅速整理成員發言的內容，找出內容相互間的因果關係，來形成自己的想法。因此，如果會議資料需要留存，就由記錄人員所記的事項，如以複印配置即可，為了使成員能熱烈的發言討論，這個理由必須先向成員們強調。

如果會議中的發言，一直固定在某些特定人物，那麼這項會議，就討論不出什麼成果。因為其他的人會認為「有這些人發言就可以了，自己根本不必發言了。」使得整個社團活動變得相當消極。

會議的成果，當然會受到領導者組織能力的影響，因為成員的發言，

可能一不小心就會偏離討論的主題，如果主席（領導者）不及時糾正，就會使整個會議變得散漫而無法獲得任何討論的成果。

「關於發言內容，請各位先提出是否對以往所討論的問題有所疑問？」或「大家有沒有意見」。

主席應該先澄清成員的疑問，並指導成員使其了解會議進行的方法，才是主持會議最得要領的方式。如果遇到大家都不發言時，主席必須再確認一次，才不會使成員失去發言的意願，而造成「會而不議，議而不決」的下場。

發言時首先要把發言的內容，分項的加以整理，然後依其順序一一的說明，這樣才可以使參加的人員了解自己發言的內容。換句話說，就是說話的人站在聽話者的立場，來整理發言的內容，使聽話者容易了解。

所以，每一位上司都必須盡力指導所屬的部屬，如何做好發言前的準備，而部屬也應該不斷的自我要求、訓練，才能成為一個好的發言者。

第七章

創造使女性有幹勁的職場

謀求女性的活性化

一般上班族的女性職員，大多從事一些輔助性的工作，其理由是公司主管認為女性比男性智商低，而且容易感情用事、情緒不安定及缺乏工作熱忱、只是短暫性的工作性格等。如果執著於這些理由，那麼，就永遠無法達到活用女性職員的地步，當然也達不到強化組織的目的。

所以，上司首先必須為女性職員，提供能發揮才幹或能力的場所。

① 參加會議

會議是收集眾人智慧與腦力的組織活動，以往這種會議，都以和會議主題有關的男性職員來進行，而擔任輔助工作的女性職員只能依據出席會議的男職員指示，來從事工作。

如果能把女性職員，列入會議的成員出席會議，聽取別人的意見，而且也能陳述自己的意見。也就是說，讓她們直接參與企業、立案，那麼，公司的業務必能更順利的推展。

② 實施職位工作的研習

除新進人員教育之外，多數企業內的教育，都是以男性職員為主體來實施，而對女性職員僅訓練其接待及打電話的方法而已。

有些關於職位或專長的研習會，更以女性職員所承辦的業務並非基幹業務為理由，不讓女性職員參加。所以，如果考慮以後女性職員將擔任基幹業務，就不能把女性職員排除於研習會之外。

③ 出席公司外的研習會

參加公司以外的研習會，大多只限於男性，其理由是男性職員，把學習的知識加以活用的機會多，而且時間也較長。不過，最近參加公司外研習會的女性職員，有日益增加的趨勢，這是因為期待女性職員戰力的公司不斷增加的一種必然現象。

此外，聽取講師講授的內容，認真作筆記且提出問題的女性已經不亞於男性了，而且其投入工作的熱忱，也絕不低於男性職員。

④ 海外出差

國際化的巨濤，已經波及到在企業工作的女性職員，而且某些特定行

業的公司，也開始派遣女性職員前往海外，去參加各種研習會或留學。

由於，願意向海外出差挑戰的女性日益增加，所以，現在的飯店、百貨公司、銀行等特殊企業，都已經開始從規定的年齡、工作年數等，達到條件的自願者中，選出優秀的女性前往參加海外演習。

而所謂海外研習，是指能提供語言能力或國際化感覺的有力手段。對女性來說，海外生活不僅是她們所憧憬的生活，更是提高其士氣以及累積經驗的有效方法。所以，今後派遣女性職員前往海外的事例，將有逐年增加的趨勢。

⑤輪調制度

以往女性職員的工作崗位或承辦的業務，會有固定化的現象，這樣雖有精通於某一項工作的優點，但卻也會對某一項工作產生惰性的心理，而缺乏上進的勇氣，甚至演變成一種人際關係的障礙。

最近有不少企業，採取調職或變更工作崗位的方式，讓女性職員能具有更多更新的意識，去迎接工作上的挑戰。上司也經常在其工作崗位上加以協助，使女性職員更能拓展其工作的範圍。

留意女性職員的工作意願

一位在美國長期經營販賣公司，最近回國後，做了以下的談話。

他剛到任的時候，女秘書建議說：「董事長怎麼連秘書的工作都親自動手呢？難怪整天都忙不過來，應該把秘書分內的工作，交給我來做，讓自己有更充裕的時間來從事公司的決策。可是，現在的薪資對秘書的工作來說，實在太少了，希望能提高待遇。」

他認為女秘書的建議，只是想提高自己的薪水而已，所以沒有改變秘書的工作，也不提高她的薪資，女秘書因而非常不滿，忿怒的離職了。

這時如想雇用新的秘書，就必須付出當時女秘書所希望的待遇，否則根本找不到適當的人選，而且還不見得能適應、熟悉工作環境，使得這位董事長大傷腦筋。

分析結果，其失敗的原因，就是他把國內的秘書和美國的秘書，認為是同樣的工作能力。殊不知美國女秘書，因為有極高的工作意願，所以個

個才幹都很高，和國內的情形大不相同。

現在雖然實施雇用均等法，各大企業也配合這項法律，實施了各種改革。但這只從制度上，加以改變而已，是否能真正達成均等任用，則需依據管理女性職員的直屬上司而定。

據調查分析，女性職員有百分之三十六・三，期望自己成為才色兼備的女職員，但主管卻有百分之四十九・四，期待這種女性職員出現。此外，有百分之十七・五的女性，希望自己成為一位樂觀型的女職員，而卻只有百分之五的主管有這種期待。

考慮「均等」之前，最好能先認識女性意識的差異。因為期待樂觀型的小姐，變成才幹型的小姐可能有困難，而對才幹型小姐和樂觀型小姐，施與相同的待遇，就會引起不平和不滿。

不過，實際上具有這種意識的女性職員，不會永久固定，個人可能因工作環境轉變，或工作年數的增長，而產生不同的變化，所以，能看清這種趨勢，就是負責指導工作上司的責任。

了解這種差異，擬定女性職員開發方針，才不會浪費勞力與時間，而

獲得預期的目標。注意！工作的意願是培育部屬的門檻。

具有專家意識

當忽視性別意識時，聽到「具有專家意識」這句話，可能會引起上班族女性的抗議。不過，在現實的工作崗位，確實有不少女性抱持著「在結婚之前工作」、「熟悉社會生活」等暫時性態度來從事工作。或僅為了培養工作經驗，根本不具備對固定工作熱忱的女性，也不在少數。

讓女職員認識環繞在公司周圍的嚴酷環境，以及企業經營方針，使每一位女職員都具有達成自己承辦業務的行動目標，對自己的工作產生強烈的責任感。

上司則在工作進行當中或工作完成後，適時的給予評價、指導，來勉勵女性職員，以提高其工作的意願及解決困難問題的能力。

其次，為了拓展工作方面的知識，必須要求女性職員徹底學習。

現在在店頭服務的女性，尤其是年輕的小姐，當顧客提出質問時，無

法給顧客一個滿意的答覆。顧客對配帶店員徽章的女職員詢問問題，她們也只能回答「我不知道」。如在書店對女店員詢問，今天早報所刊出的新書廣告時，她們只會回答「陳列在書架上」或「已經賣完了」。

因此，要想得到有關商品的知識，只能向男性職員詢問，已經成為顧客的一般常識。這樣一來，女性職員就永遠無法成為專職人員，所以，上司應該督促女性職員自己製作自用的業務手冊。

某著名百貨公司的教育承辦人說過，看到接近櫃檯的顧客表情，就能辨別出是真正想購物的顧客，還是只看看商品，就會馬上離開的顧客的女店員。也有憑星期幾或天候的好壞，就能推測出購物袋的數量的行家店員，而所謂的專家，就是這種店員。

此外，ＯＡ機器也是培養專家的機會，讓女性職員好好把握這個機會，變成這種專家。

引進ＯＡ機器的工作場所，女性職員應該積極的學習機器的操作，因為終端機上的知識和技術，就是成為專家的結晶，這也是手指靈活擅長精密作業的女性職員，最好的機會。

在工作場所中，經常看到上了年紀的上司或不能操作機器的中年男性職員，向熟練機器操作的女職員請教的情形。而文字處理機普及的結果，則消除原來的擬稿作業、繕寫、打字、複印等主題業務與輔助作業的區分。

一位女性職員就可以從擬稿到印刷，將整個工作的進行總和起來，也就是現在所謂的「科技淑女」的女性專家。女性職員想作為具有專家意識的機會很多，而上司的關心、勉勵以及本人的意願，則將是打開女性職員成為專家的癥結所在。

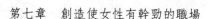

激勵女性職員工作的幹勁

整天忙於工作，對具有幹勁的人來說，將是人生一大樂趣，如果沒有了幹勁，其生活會蒙上一層陰影。所以，上司必須培養所屬的女職員成為一個具有幹勁的工作者。

現在企業中的工作，大多以男性為中心所組合而成。如此，一些有思

想的女性，當然會感到不愉快，而提不起工作的熱忱，所以，「個性超越性別」的這句話，就成為現代女性的廣告詞。

以往女性職員的代表性工作有複印或倒茶等雜務，但現在的女性卻紛紛的覺悟，認為「自己寫的文件，應該自己複印」、「自己要喝的茶應該自己倒」等，對男性職員的反感想法。而且其背後也隱藏著「我來公司上班並不是光為了做雜務」的不平心裡。

不過話說回來，也不是所有女性都是如此，有些女職員對複印文件和倒茶並不覺得辛苦，其原因就是她們看到上司那麼努力的工作，心受感動所致。於是產生了「我能幫忙做些事情嗎？」「我幫你複印文件好嗎？」或者是「我給你倒杯茶，休息一下吧！」

對工作缺乏經驗或具有長久工作經驗，卻已產生惰性的人，將會產生意願和不滿的問題。女職員多數從事淺顯的事務處理，如果工作不能隨心所欲的進行，心中就會累積壓力。

所以，上司要了解女職員的意願和不滿，如果女職員不方便在上司面前訴苦，就讓她們自己召開小組會議，提出建議事項，如是上司能解決的

問題就立即處理，如不能立即辦理，就說明其理由，讓她們能心悅誠服。

上司與女職員在走廊上碰到時，輕鬆的打聲招呼，聽其意見看法，也是一種理想的方法。

也就是說，無論如何上司要把關心女職員的心情和態度，真誠的表露出來。否則，女職員就會因未被重視，而毫不領情。

有些公司依照女職員的要求，為她們製作名片，可能有人會認為根本沒有使用的機會，是一種浪費，但是對女職員們來說，卻因為自己有公司的名片，而對工作的態度，有了明顯的改變。

只是口頭言詞上說「參與工作」，那根本就不會有效果，從起草企畫案起，就應把女職員編入企畫小組，聽取其意見，並由上司鼓勵女職員發言「對這件企畫案，請說出妳的想法」、「不中聽的意見也沒有關係，儘管從女性的立場，勇敢的說出來」。

因此，最近就有不少年輕女性提出了不少點子，而且製作出暢銷的商品。由於女職員出席了研發會議，使其了解整個狀況的經過，積極的參與工作，所以能獲得良好的效果。

此外，不要硬把女職員，封閉在固定的工作崗位上，儘量讓其接觸外界，給予適量的刺激，這樣將比上司的說教更為有效。

某著名飯店經理，談到一則故事：

「有一位自我意識非常強烈，不適合應對顧客的女性職員，被分配到櫃檯工作。上司想把她調職，卻被她拒絕了，最後不得已只好讓她去參觀其他的飯店，並要求其提出接待態度的報告書。果然這位女性職員，經由這種教育後，真正改變了其自我意識，而成為一個優秀的櫃檯職員。」

像這種培育部屬的方法，是值得參考學習。

讓女性職員徹底了解經營理念

在品管的活動中，女性社團活動有顯著的進步。以往在銀行所實施的品管活動，其主題絕大部分都是「消除個人電腦的錯誤」或「給顧客良好印象的應對方法」等與日常業務有關的問題。

但是，最近則以「促進利用自動提款機的宣傳活動」或「縮減現金櫃

檯準備金」等直接與營業戰略有關的項目為主題。

男女顧用均等法施行以後，對女性職員不利錄用的解決，已經出現了效果。但是，在企業內的運用，卻尚未達到男女真正均等的地步，其主要原因是因為「工作期間短」、「必須考慮女性職員負責育兒的家庭責任」或「女性職員不具備企業所要求的工作能力和意願」等。

上司對女性職員的看法，受到部分女職員暫時就業意識的影響，把女性職員的地位列入下一層，已是不爭的事實。但是，今後這種想法就不能再適應企業和社會的進步了，因為只有從高層次方面，來提升女性職員的工作意願，才能對公司有所助益。

以往經營者所表現的經營方針或經營理念，根本沒有滲透到女性職員的層面，今後則必須注意使女性職員了解企業經營的方針和理念。

努力充實女性職員的內涵

以往女性職員所承辦的工作，絕大部分都是計算、統計等單純作業或

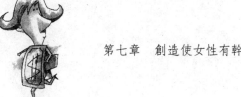

例行的定型業務。但是，當前的女性，對這種單純的反覆作業，不僅已經不感興趣了，更會造成工作的倦怠。如此一來，公司不但不能活用有才幹的優秀人才，反而會因此而放棄人才。

有一個事例，一個專科畢業在公司工作一年的女性職員，突然請求辭職，其理由是「負責跑腿、倒茶、複印、整理文件等雜務，當初我認為那只是新人時期不得已的過程，可是一天過了一天，這種情形依然沒有改變，再到公司上班又有什麼意思呢？」

女性職員所承辦的工作，如果以性別做為依據，來從事業務的分配，將會引起許多不滿，使女性無法真正的心悅誠服。因此，必須考慮充實女性職員的職務內涵，讓其能真心效力。

總而言之，女性工作其本身具有輔助的性質，當男性職員將所承辦的企畫案完成後，女性職員就成為男性職員的幫手，只是負責一些瑣碎的事務。如此，女職員就沒有任何思考的餘地，即使女職員有再好的構思，也根本沒有被採納的機會。

女性做為男性助手的結果，將會造成一切行為都由男性來掌握，高高

在上的指揮女職員的情形。所以，要改變這種工作進行的方式，就必須使女職員一開始就參與工作的企畫，並給予發言的機會。

當然，當女性職員無法勝任或不習慣這種工作時，就不能強迫她參與。不過，要是女職員能勝任，那麼不管是再小的企畫立案，都必須讓女性有機會參與，以增加公司作業的連貫性。

對上述想辭職的女職員不妨建議，不妨改承辦會議召開事務，因為這項工作是以起草開會為宗旨，只要將印刷好的開會通知書，分配給會議室的各個座位，就可以逐一做記錄，從中吸收其檢討工作的成果。

原本女職員在會議中，只能負責簽到或倒茶的工作而已，根本學不到任何東西。而接受這個建議的女職員，由於其對工作的熱忱，很順利的完成工作，不但學會了會議通知書的撰寫，更從男職員討論企畫案中，學到了不少經驗和處事的技巧。

經過兩三年以後，這位女性職員已經可以和同輩的男性職員並駕齊驅，而且表現出毫不遜色的能力。

某產業教育資訊公司，有一位女職員除負責承辦教育課程的啟發立

案、宣傳、營業活動等多項工作之外，自己還利用公餘時間，去參加其他同學公司的研習會及市場調查。

雖然她在進入公司的前幾年，也只是從事簡易的傳票處理，不過她認為自己能和男性職員同等工作已經很滿足了。所以，今天她能順利的完成她的心願，也不是沒有道理可尋的。

為了要達到培育女性職員的成果，就不要拘泥於以往女性的工作概念，應該果敢的改變工作架構，充實職務的內涵，擴大女性職員的責任範圍。換言之，就是要讓女職員從事公司的主體工作，並給予活動的機會和場所。為此上司要提供適切的建議和指導，使公司的女性職員，能勝任其工作。

培育專職的女性職員

對於有關男女雇用機會均等的政令，各企業在人事管理方面，做了不少層次的考慮，不希望從事基幹業務，不挑工作場所（綜合的職務）以及

希望從事輔助業務，但不願意改變工作場所（一般職）等兩種不同的方式。其中，還包括希望從事專門業務，卻不願改變工作場所，以及要求工作和家庭能兼顧的女性在內。

依據人壽保險業有關「女性生活意識」調查，其結果顯示「理想的就業形態」，有再就業型（百分之五五・一）、繼續工作型（百分之十二）、結婚以前工作（百分之十四・六）、生育以前工作（百分之十・九）。更有三分之二的女性職員願意長期繼續工作或即使有中斷也想長期工作。

這樣，希望長期工作的女性，當然不願意僅從事一些單純或定型的業務，因為她們希望經由就業的經驗，學習一些專門能力及特殊的工作技巧。

現在的女職員都希望能夠成為專職人員，尤其以百貨公司及金融機關最多。如日本西武百貨公司有推銷專職人員、採購專職人員……等八種職位分類，實施全部職員的專職制度。而伊勢丹企業則分為衣料、雜貨、家具、食品、嗜好品、直銷、總務及企畫等六種職務分類，來培育各項專職

人員。

此外，銀行、證券、保險公司等企業，也盛行退休金運用及稅務等專門業務的諮詢。

至於從事這些業務的專職人員，不管是任何職位，其培育的方式都是以具有五~十年工作經驗及豐富基本知識的女性職員為對象，徵求個人的意願，再加以積極教育而成的。

專職人員必須具備高深的知識和豐富的實務經驗，除此之外，還必須取得政府考試鑑定及格證書，並非所有志願者，都能達到這個要求。所以，公司需先確認服務的年資以及符合條件的女性意志，以組織來整理資源體制，使女職員能獲得所需的資格。

然而，為了獲得實務經驗，可能會發生職務輪調的情形，所以也必須考慮派遣到公司以外的機關去參加研習。有這種女職員的上司，對這些對象應該嚴格指導，並加以勉勵使她們達到要求的水準。

當她們達到專職人員的水準時，更需檢討該如何活用這些女性專職人員的能力，以加薪或晉級的方式，來報答她們的辛勞。

矯正女性職員不肯學習的態度和行動

態度和行動不僅是女性職員的問題，連男性職員也可能會發生，所以不管是男性或女性職員，都必須加以注意。不過，女性職員的態度和行動，較容易引起人們的注意，因此，一發現有不當的態度和行動，就必須加以糾正或改善。

女性職員在剛進入公司的時候，說話的語氣和態度，都不符合社會的要求。因為她們在求學時代，都處於同一世代的橫向社會環境，所以說話時，都是以朋友的對待意識來處理。

然而，在公司組織中，其對象必須換成上司或前輩，對外則需以顧客及各相關客戶為相處的對象，此一縱向社會環境，並不是以往學生時代的想法，所能適用的。

例如，不會適時表現禮儀，就會被上司或前輩，認為是不懂禮貌的惡劣份子，對外也會給顧客留下一個「不懂禮貌」、「不尊重顧客」的公司

印象，可見年輕女性的談吐，將是外界對該公司評價的主要依據。

在新進人員教育課程中，如何有禮貌的談吐，必定是教育的重點。由於電話的普及，所以打電話已成為人們的一般常識，每一個都必須學會打電話時的禮貌。但她們已養成生活上聊天的習慣，因此對需要效率、速度的業務用電話，就不知如何處理。

剛進入公司的時候，一接到電話就會緊張、不知對方說些什麼、不了解對方的公司為何，以及打電話者的姓名，更不會處理留言及正確使用電話的方法，所以只有在課堂上學習，是得不到任何效果的，只有依靠在實務周圍的前輩，適時適切的加以指導，才可以使女職員培養出打電話的正確習慣。

現在經常看到人們把話筒放在下額和肩膀之間，來應對或撥電話，一些年輕的女性也跟著模仿起來，這樣的風氣，也不知道是恰當還是不恰當。

現在有不少職員習慣邊工作邊聊天，這些人可能會辯解說：「我並沒有耽誤工作。」但這種工作方法，再怎麼說都無法全神貫注於工作上面。

況且工作處理完之後，應該要思考如何改善自己的工作，創造更好的工作方法，否則就不能提高工作的效率。

此外，還有一些女職員，經常無謂的離開座位，並於離開時對親近的伙伴打招呼「去廁所或喝開水」，不但自己無法專心坐在位置上，無形中也影響到其他職員的上班情緒。

特別是新進人員在學生時代，有選擇聽課的自由，所以對不喜歡的課程，就會翹課去喝茶、聊天，而不會遭到別人的譴責。由於學生時代所養成的習慣，使得日後對坐在辦公桌辦公的日子，倍感艱辛無法適應。

有些職員以大家離開坐位，可以互相交換資訊或改變工作情緒為理由，對自己的行為毫不在意。

這種職員如果上司仍以「可能還沒習慣工作，算了吧！原諒他」的態度相對待，那麼，這種壞習慣就永遠無法改正了。

雖有上司告知這種職員「你的薪水每分鐘需要五塊錢的成本」，才能讓她們徹底的了解。

上司也要留意自己的談吐

擁有女性部屬的上司應該了解，自己的行為很容易被女性特有的性格（情緒和感情）所影響，因此必須特別注意不要以言詞來刺激女職員。

某公司曾經發生一件值得所有上司警惕的事情，一位董事長經常對部屬說：「寫女性看得懂的文字」或「以女性都能了解的語言來說明」這類的話來刺激女職員。

於是引起了女性職員的集體抗議「董事長的說法，是以女性職員程度低為前題，而那些男性也跟著附和，這完全是輕視女性的作法，請你說出能夠讓我們心悅誠服的理由。」

董事長解釋說：「我說這句話的用意，完全是以任何人都能了解的文章為出發點，只是不小心用了女性做代表，絕對沒有任何涵意，要不然聽到這些話的男職員，也不會隨意的附和而不提出建議，不過，如果公司內有感情衝突的事發生，那就很難說了。」

現代的社會中，男女平等的意識相當強烈，非常的重視女權，所以在公司內，千萬不要有「因為男性或因為女性」等所謂性別歧視的說法。以往企業在一段不算短的期間中，實施了以性別為前提的人事管理，但是，現在不管是「能力」或「實力」，都已經進入了不能再以性別做為差別待遇的時代。

上司如果認為「女孩子沒有辦法」或「對女性職員這樣要求，是無法辦到的」，那就是男性還不能拋棄性別差異的最顯明例證。這不僅對女性是一種輕視，更會使女性職員有「我是女性職員，可以隨便一點」的不良意識產生。

所謂「禍從口出」，上司應該隨時隨地留意自己的談吐。

注意自己的服飾、打扮、言行

對有上班經驗的女性來說，最初上班的兩三個月是決定是否能繼續工作的關鍵。在這個時期，如果能培養自己的穿著、打扮以及言行應對的能

力，就會有所成長。

如果上司的指導不夠徹底，就會使不能適應工作崗位的女性，養成不良的工作態度和惡劣的談吐，尤其是在剛開始工作的場所，其影響更大。因此，上司或工作場所的前輩對新進人員的指導，必須特別留意。

雖然說上司對部屬有教導的責任，但是，有時候上司也會有「該如何指導才好」的困惑。

由於要規定適當的標準或指導的方法並不容易，因此使得一些拙劣的女職員，能有恃無恐的鑽漏洞、走捷徑。

要解決上述的情形，就必須將女性職員基本的儀容態度製成統一的手冊，參考手冊的條文，來加以規範。

以下介紹女性職員接待態度訓練為主的檢查表。

對化妝、服裝或女性特有的領域，可以使用檢查表或手冊，自主或相互的檢查。但是，對打招呼等語言的使用以及電話交談使用方式、私談、或離開座位等問題，則必須經由上司指導。

新進人員因為沒有企畫的工作經驗，以至於不了解在工作場所中，應

該採取何種態度來應對。這時上司就必須對新進女職員的服裝、打扮、言語、態度等基本常識，做一系列的指導，詳細說明為什麼這種場合要採取這種態度或如此說話，而且一發現有不合要求的行為或態度，就必須特別注意，千萬不可放鬆。

當這些新進女職員逐漸了解，在工作場所應該採取什麼態度來應對時，就可以讓她們更進一步的採取自主性的行動。此外，將工作場所的女性前輩併為領班，委託其負責新進人員的教育指導或生活諮詢，也是一項很好的措施。

服裝、打扮、言行檢查表

※「○」是2分、「×」是○分

	自己評價		別人的評價
頭髮	（　）	1. 頭髮有光澤嗎？	（　）
	（　）	2. 是否有頭皮屑？	（　）
	（　）	3. 髮型是否完整？	（　）

（　）4. 頭髮是否掩蓋眉毛？（　）

（　）5. 鞠躬時頭髮是否掩住臉孔？（　）

化妝

（　）6. 有沒有擦口紅？（　）

（　）7. 給人的印象是否明朗、清潔？（　）

牙齒

（　）8. 牙齒上是否有口紅？（　）

（　）9. 口腔是否清潔，牙齒是否潔白？（　）

手指、指甲

（　）10. 是否清潔、柔軟？（　）

（　）11. 是否擦指甲油（桃紅色或透明）？（　）

（　）12. 指甲是否修整整齊？（　）

襪子

（　）13. 顏色是否為皮膚色？（　）

（　）14. 襪子是否有脫線的現象？（　）

（　）15. 是否穿網狀或有顏色的襪子？（　）

（　）16. 襪子是否鬆弛？（　）

皮鞋

（　）17. 皮鞋是否配合服裝？（　）

（　）18. 是否擦亮？（　）

（　）19.是不是形式簡單的皮鞋？（　）
（　）20.是矮跟鞋嗎？（　）

裝飾品

（　）21.是否帶耳環？（　）
（　）22.是否配帶顯眼的項鍊或戒子？（　）

服裝

（　）23.是否穿著華麗的衣服？（　）
（　）24.裙子的長度是否適當？（掩膝蓋的長度）（　）
（　）25.是否有斑點或污垢？（　）

合計（　）分

第八章
年齡的增長是人生的正面因素

退休年齡由自己來決定

「年功序列」和「終身雇用」是一般企業人事管理的特色，其中「年功系列」已經無法適應現代的企業。因為，如果以進入公司的年度或工作的年數來做為決定加薪或晉級的基準，那麼公司必定倒閉。至於「終身雇用」，卻仍然照樣實施。

此外，為配合國民平均壽命的延長，以及政府延長退休年齡的政策，已有超過百分之五十的公司，把退休年齡從五十五歲延長到六十歲。

但大部分上班族，卻不能因退休年齡的延長而感到放心，因為最近調職到有關單位的人事作業，正快速的增加中，據統計全國上班族中，十個人就一個人具有這種經驗。

以公司的政策來看，有經營多角化、培育人才為目的的戰略型調差，也有為削減剩餘勞力的雇用調整型調差，而且以後者為多。

因此，在這盛行調職的時代，工作場所的上司，對於部屬調職問題，再也不能等閒視之。

最近所發生的調職問題，絕大部分都是屬於戰略型調職，所以也就不會有降調的心裡負擔，但再怎麼說上班族對於「調職」，卻仍一直存有「敬而遠之」的排斥心裡。

所以，不管在事前有沒有徵求本人的意願，以何種方法（樂觀的想法或悲觀的想法）來面對調職，才是最重要的。也就是說，如果你認為是戰略型的調差，就繼續幹下去，如果是雇用調整型，那你就必須冷靜的判斷，以決定自己的進退。

考慮到調職人員的心情，把其職位留在原來的公司，僅改變服務的單位的作法，是一種富有人情味的人事管理方式。因為這種作法，不但可以使被調職人員的心裡有「還有總公司可以憑藉」的安全感，也可以讓調職的工作容易實施。

但這種作法，如果讓接收單位誤認為是暫時、無心在此工作，那可能就會造成許多負面的效果。此外，也有許多上班族在新調職的單位中，被認為是局外人，而感到痛苦不已。

以接收單位的立場來說，早已將這些人列入準備退休的人員看待，根本不會加以重用，如果這些人自己又以為背後有總公司可以撐腰依靠，那麼受到他人的排斥，就是在所難免。

接收單位對於對總公司有影響力的調職者，會表示歡迎，但如果是強迫接受一個不中用的調差者，就會引起反感。所以，任何一家公司，都儘全力的想研究出一套，有效運用中高齡職員的方法，以減少一些不必要的紛爭和痛苦。

無論如何六十歲就是終點站，雖然不久的將來，政府的退休金支付年齡，可能會延長到六十五歲，但多數公司卻沒有把握可以維持這個標準。如此，超過六十歲的每一位上班族，都必須為自己的生活另謀出路。

準備助跑的時間越長，就越能夠充實退休後的生活。西歐有一句「老狗不能學藝」的諺語，因此，在變成老狗之前，自己就要考慮雖然公司的退休年齡是延長了，但自己的退休年齡是否也跟著延長呢？

這一切對上班族來說，可能很殘酷，但還是要面對這個事實，也就是說，必須把調職當做是退休前的警鐘來接受。

要有快樂的人生觀

中高年齡層的職員，有兩種類型。一種類型是比實際年齡更老的人，不但體力、氣力、耐心及想法退步，連言行都緩慢許多。另一種人比自己實際年齡更年輕、更充滿青春氣息的人，其想法積極、言行有自信且幹勁十足，這種人給人的感覺，起碼比實際年齡年輕十歲。

對生活的態度因人而異，如果年齡較高的職員，在工作場所中，倚老賣老橫行自為，那將是一件相當不愉快的事情，不管對其本人或工作，都有著負面的影響。

此外，年齡的增加並不代表能力的退化，如果不能依據其能力，在工作場所或工作上有所發揮，那麼人生就會顯得十分悲慘。

某公司採用六十歲為屆退年齡的制度，並以五十六歲做為任職主管的最高年齡，原則上只要超過規定的年齡，就會被調往非專職的職務，而且五十六歲以後的收入，也會遭到凍結，不會再有增減。

但不少人在到達這個年齡之前，都會自動退職，這也就是即早開始第二人生的積極行動作為。

從五十六歲到六十歲之間，四年的差距，據說等於年輕時代的十年，有些甚至認為，其差距可能還要更大。五十六歲就退職離開公司的人，幾乎都是有才幹的人，而且絕大多數對自己的言行都具有相當的自信。這些人在退職前，就不斷提升自己的知識領域，退職後則都以會計師、經營顧問等為業，沒有一個人再成為上班族。

這些人在大家沈迷於卡拉ＯＫ、打麻將或打高爾夫球的同時，獨自躲在背後，為自己將來的後路而努力。所以他們都不是下班前的人，而是下班以後的人。

退休後如何充實度日，找到事業第二春的例子很多，而且各公司也非常鼓勵退休人員，積極參與各種研習會。不過，人生並不一定都是圓滿無缺，也不一定什麼都可以隨心所欲的獲得。

以「工作繁忙」為藉口的人，是否真的很忙，還是故意裝出來的，應該要看清楚。在公司中絕對沒有，不能以別人來代替的工作，經常說忙的人，就是不會運用時間的人。「對人生有積極的正面思考」，這是上司對中老年部屬，必須經常提醒的事情，而且也是上司本身的課題。

如何提高工作意願

據說公司成長的第一個條件，就是員工的平均年齡不超過三十歲，越年輕就越有希望，這句話不得不引起我們的共鳴。

隨著年齡的增長，工作的意願也就跟著降低，在工作場上更會出現陰暗的停滯感。除此之外，因不開朗的工作環境而離職的年輕人也不少，使得已經走下坡的工作場所，變得更加暗淡。男性到了四十歲的年齡，可說是正在拼命工作的年代，可是不少的男性到達這個年齡的時候，其「旺盛」和「低落」的差距，卻已明顯的表現出來，所以對工作情緒低落的人積極的加以輔導、鼓勵，也是身為上司的責任。

積極提高工作意願的對策，就是考慮對具有旺盛士氣及上進心的人，給予各項優待或福利，這也是處理退休問題的重要事項。

前輩變成老職員，公司該如何對待，其方法對年輕職員的心裡將帶來很大的影響，尤其是規定六十歲為退休年齡的公司，對退休後重新雇用的方法，更需仔細的加以檢討。

例如，體力充沛而有才幹的人，只要其能力對公司有利，就不必顧慮其實際年齡，大膽延長雇用時間，這種方法不僅對其本人，就是對公司也是一項正面的效果。此外，難以其他人代替的人才，應提高其待遇，相信周圍的人也不會有所異議才對。

對於快到達退休年齡的職員，不管有沒有工作意願或工作成果是否良好，均採取一視同仁的人事管理，將對後輩員工的工作意願，造成很大的影響，甚至喪失原有的鬥志。

所以，必須為自己作打算的中、高年齡層上班族，如果到現在仍有只要按時間上下班，就有薪水可以領，或把公司當成安樂窩的想法，那麼想要產生強烈的工作意願，根本就是不可能的事情。

有些公司在延長退休年齡以後的一定期間，採用另一種支薪體系來減少薪資。根據某地方銀行的主管說：「這個期間所減少的薪資，相當於主管的兩年份薪資。」換句話說，這兩年等於是白幹了。

如果屬於延長退休年齡再服務的主管有這種想法，將使保證雇用一定時間的銀行，也跟著提出既然如此，就不延長退休年齡了。

不過，採取減薪措施的公司，也應該配合減薪而縮短上班的時間，使這些員工有更多的時間為退休後的新工作做準備。

光以「提高工作意願」等精神論，來激勵中高年職員，是不能解決問題的。雖然本人的心態如何有影響，但公司方面也應該採取對應的人事管理政策，這樣對真正提高工作意願，才會有所助益。

思考經驗、力量的活用

處理中高年齡層職員，之所以會發生問題，主要是因為，這些主管礙於公司內的規定，在規定退休的時候，必須離開原來的職位。不過，如果這些主管到達延長退休年齡之前，和以往一樣可以晉支、晉級，就不會有類似問題發生。

在此對「這些離開主管職位的人，在何種職位應從事何種工作」加以討論。以下有兩種方法可供參考，其一就是在以往工作的工作崗位上，活用其知識及經驗，來承辦以往的業務，也就是說，以沒有頭銜的一般職員身份繼續工作。另一種則是，將其調到另一個新單位去從事新的工作，面對新的生活挑戰。

這兩種方法究竟要選擇那一種比較好，那就必須以其本人的感情、想法以及周遭職員的立場來加以考量，才能做明確的抉擇。

從事自己熟悉的工作，在自己原來的工作崗位繼續工作下去，這是任何人都可以想到的理想處理方法。年齡增大以後，改變工作崗位，從事沒有經驗的工作，多少都會感到不安。所以，如果只為了要「保證終身雇用，不得已才接受」，那麼就無法產生積極的工作意願。

無論採取那一種方法，必須先確認其本人究竟希望走那一條路。如果希望留在現在的工作崗位，就必須使其明瞭，今後需在以往的部屬底下工作，自己要有心裡準備，除了要心悅誠服之外，更要予以協助。

如能以上述的方式，讓有能力、有經驗的人，繼續從事以往的工作，不管對本人或公司，都有正面的效果和影響。

具有工程師能力的主管離開主管的職位之後，如能再聘為工程師，來發揮其技能，就是一項相當好的人事處理方法。

但依經驗來看，卻以改變工作崗位產生正面效果的事例較多，而能在原來的工作崗位，發揮其力量和經驗的人，可說是少之又少。這可能就是具有感情的人類，所難以排除的問題。我們對下列的方式來加以思考——

一、在以往的工作崗位，活用其本人的技能、力量以及工作經驗。

二、在以往的工作崗位從事不同的工作。

三、改變工作崗位，活用其本人的能力與經驗。

四、改變工作崗位從事新的工作。

最理想的方法是三，其次依序為四、一、二。

以「在何處工作」等工作崗位為中心，來加以思考，最初可能會產生抗拒，不過在一段時間之後，將使其本人和接收的單位，都會產生一股新的氣息，當然這和本人的意願有莫大的關連。

改變工作單位成功的事例，就是在作業現場離開主管職位的人，重新

擔任安全、衛生方面的指導性工作，來活用以往的經驗及能力，這是屬於三的方法，有關人員如能用心的安排，必能獲得比預期更好的成果。

如果因為人手不足而妥協目前的現象，將使以後工作場所的氣氛，變得更暗淡無光，也會讓年輕的後輩主管，感到困惑不已，像這種事例真是多的不勝枚舉。

「前輩當自己的部屬，就不方便工作」或「部屬有年長者，就不容易領導統御」等工作場所中，所出現的問題，是最近各公司盛行延長員工退休年齡後的事情。現在規定六十歲為退休年齡的公司，已經超過半數了，加上高齡雇用安定法的誕生，其比例將會更加升高。如此一來，工作場所的主管所面臨的困境，將比過去來得更加嚴重。

了解自己立場、角色的前輩，會對後輩的主管積極建議「不要顧慮我，按照你自己的想法去進行工作」，像這樣的人真是一個有器量的前輩。

當然對前輩以尊敬和相稱的禮節相對待，是作人的基本。但做為工作場所的領導者為達成自身的職責，就必須徹底扮演好上司的角色，不能中

途有所迷惑。至於遇到現實問題的處理方法，有這種上下關係產生時，需先向前輩說明自己的職責與立場，請前輩能諒解，並能予以協助。

總之在工作上，上司與部屬的身份是不受年齡與經驗年數的限制，但離開了工作崗位，就恢復了前輩與後輩的關係，如果沒有這種見解，那根本就沒有擔任上司的資格可言。

不要忽視經驗

「老年人嘮叨」這是經常可以聽到的詞句，而事實上，老年人確實也會「經常的反覆囉嗦」、「對一件事情重複不停的說」。

升級慢的人，會認為自己的能力未被肯定而心生不滿，毫無理由的採取反駁或否定的言行。這種情景也經常在「由於退休年齡制度的關係，從主管職位調到擔任閒差事」的老年人身上發現。

對這些人究竟應如何對應，實在不是一件容易的事情，但站在上司的立場，卻不能置之不理、漠不關心。以下就列舉幾個值得注意的事項。

①不傷害其自尊心

所謂自尊心就是自己對自己有榮譽心而希望被人尊敬的感覺。不管任何人都有自尊心，因此，這種願望如果被傷害或忽視，就會認為別人「看不起他」或「讓他下不了台」，而表現出強烈的反感。

「我認為這項工作對你來說還是太過於勉強，結果也是一樣。」等否定的語言，絕對必須避免。而且在日常的行動上，也要儘量表現出「我是後輩對前輩要表示尊敬」的這種心情，在離開工作場合後以此禮貌相對待。

②表示有價值的存在

某公司的董事長離職以後，擔任該公司的顧問。一位在他擔任董事長期間畢恭畢敬的經理，在他擔任顧問以後，在走廊相遇，卻連一聲招呼也不打。當周圍的職員正為此事發出不平之聲時，這位顧問卻沒有表現出任何意見，或許他認為現在並沒有他表示意見的立場，或後悔他在當董事長期間，處理事情不當。

但不管怎麼說，他的心中可能會有很大的失落感。「你好嗎？最近的

狀況如何。」如果有人向他如此招呼，他的心裡不知有多麼的安慰。有些已經離開公司的人，回來探望老同事時，仍不忘向顧問打招呼。

「○○先生來公司，請你到會客室來一趟。」

這句話將會使顧問認為「仍然有人關心我」，而感到很欣慰。

這種形式上的關心，不但是尊重對方的自尊心，而且更能提高其效果。例如，在工作上有困難時，積極詢問其本人的意見。

「對這個案件的處理，根據前輩的經驗，該如何處理比較好。」

「這些相關事項還有那些問題，請前輩發表一下高見。」

坦誠的聽其意見，等於就是在接受活的教育。而前輩如果了解其真義，也會認為「我的經驗畢竟還有用處」而感到喜悅。

如此，前輩就會改變態度，「只要我能夠做的事情，我一定鞠躬盡瘁」，這些都是後輩對前輩的態度，所獲得的成果。

※　※

哈布森曾調查過去一百年內，在世界企業界上有貢獻的人，其結果顯示，這些在實業界成功的名人，都一致認為「下班後的時間」非常重要。

而他們成功的秘訣，也就是如何活用私生活時間的一種告誡。

如何活用「私人的時間」，將是自己的一生要過得更加充實或留下失意和後悔的最主要原因。因此，上司平時一定要再三叮嚀部屬，善用這種時間。

接近退休年齡時，有些人會對將來的生活感到不安或考慮到請別人介紹新工作的惶恐、尷尬。這是因為平時對自己將來的生活，沒有周密的計畫，所產生的必然情形。

下班以後的時間，毫無意義的浪費掉，或能善用其時間，有效的運用，將使所獲得的成果出現很大的差距。也就是說，如果把閒暇時間無意義的浪費掉，不但會使沒有收入的壽命延長，更會使人生的道路，變得遙遠而坎坷。

「單身赴任」是思考人生的機會

所謂「單身赴任」就是上班族離開家庭，單身到新的工作單位服務。

現在由於產業結構的轉變，使得「單身赴任」的人數，也跟著增加。根據調查的結果顯示，有關「單身赴任」的問題，百分之四十四・二的人認為「調差的理由正當，反對也沒有辦法」，而認為「不應該單身赴任」的人佔百分之四十八。

「拒絕派」超過「容忍派」，女性反對的聲浪比男性更高，因為任何人都不願意造成夫妻、家庭分隔的情形，甚至有些太太，對「單身赴任」丈夫，以男性服役、出征打戰的心情，來加以歡送。

平均壽命的延長，使社會邁入高齡化。雖然將退休年齡延長到六十歲的公司，已經超過了百分之五十五，但超過四十歲以後，就成為調職或退休前裁員的後補者，使得實質的退休年齡，比以前更低，所以一般的上班族根本不能放心。

「單身赴任」的上班族，多數有孩子上學、照顧雙親及住宅等問題，而年齡集中在四十~五十歲的主管級人員，正是在公司中最能發揮實力的時期，也是準備第二人生的年代。

「單身赴任」是獲得啟發的最佳機會。一位M先生，在單身赴任時，利用空暇時間學習不動產的鑑定知識，且獲得後補的資格。

當他五十五歲退職後，更進一步的以實務經驗，考取國家執照，現在在市中心設立事務所，發展其業務。所以，M先生也是一個把單身赴任當做第二人生基礎，而加以運用的人。

當然單身赴任必須負擔某些家事，但再怎麼說都能找到自己的時間和空間，來準備個人的第二人生。

擬定明確的方針，加上自己的努力，就能學到謀生的一技之長。雖然單身赴任的生活單調而辛苦，不過就如古語所說的「轉禍為福」、「窮則變、變則通」，如果像一般人一樣，只知道享受高爾夫及釣魚等的樂趣，那麼所謂的第二人生，只好被犧牲了。

該如何選擇只有靠自己，在單身赴任的生活中，只要努力的充實自己，對第二人生的生活，必定會有所助益。

第九章 教育承辦人是培育人才的泉源

追蹤教育的目標

所謂追蹤教育的需求，就是尋求自己公司所需的教育焦點。以往教育部門的承辦人員，對專職的知識和經驗，有先入為主的觀念，因此多數人都長期的承辦這種業務，以達成企業內員工的教育需求。

而最近這種趨勢，已經發生了變化，很多人在職期間相當短，一下就被調到新的職位，所以雖希望定下心來從事工作，但教育時間卻不許可。有些人不關心周圍的變化，繼承上任者所實施的路線，來辦理教育工作。有些人則希望在短暫的在職時間，獲得良好的成果，而採取和上任者不同的路線。更有些人擔任不同的新職務後，由於不了解工作職務的實況，以至於造成重複試行錯誤的結果。

發生過這種現象的企業，多數是不具備教育體系或教育綱領的公司，所以根本無法培養出企業所需要的具有時效性的人才。

此外，對教育承辦人的指導、公司現在要的是什麼，以及追求教育的

目標為何來說，上司的適切指導，是極為重要的。

一、探索公司經營的方針，要求人才的質與量以及達成教育成果的具體手段。

為了把握這種基本路線，就必須了解經營者的經營構想、公司的經營方針，以及對將來的展望。再者以中長期的經營計畫為基礎，變換成為具體的事項，且與有關部門緊密聯繫，做為教育的分析作業。

至於長期經營的戰略事項，則與目前工作場所的要求，有一段相當長的距離，必須加以注意。

二、尋求工作崗位所需人才的要求。

坐在辦公室內猜測，只是紙上談兵，一點用處都沒有，應該實地前往第一線工作現場，和現場主管或工作人員做直接的接觸，以便發覺問題及必要事項。

除非自己親自收集的第一手資料，否則參考的價值就不高。經常對各階層、各工作崗位的員工，實施意識調查，則需要大量、大範圍的觀察，才能增加其準確性。

三、其他公司，尤其是同業之間推行的狀況，因環境及過程具有類似性，可做為參考資料。至於企業的機密資料，較不可能成為教育領域，所以必須多留意報刊或大眾傳播所介紹的資料。

四、對進行中的課程具有問題意識。

教育課程的編成及課目的製作，必須具有問題意識，經常注意檢討、開發，過去某一時代的教育內容與課程，並非適用於任何時代，所以不是放棄過去的教育方式，而是不斷追求「將來企業所要求的人才是什麼」、「達成教育目標、有效的培育方法為何」。

教育承辦人經常站在高觀點來思考問題，而追求教育目標的成果，則表現在承辦人的見識上。

體驗「教」、「學」的立場

教育承辦人中，有些人認為擬定研習計畫、尋找講師人選、召集學員，就是其任務的範圍。因此，不論企業組織的規模大小，承辦教育的職

員，應該都要經驗過「教」、「學」的立場，才是最理想的。

一般的教育承辦人、都只會在開課前，上台報告有關課程的事項以及介紹講師，便下台離開現場。等到課程結束時，又再度出現說幾句結業勉勵詞，就算完成任務。這些人所扮演的角色，只是一個在教育舞台上的表演者，對教育的內容漠不關心，任由講師決定，連看都懶得看一眼。雖然說教育內容是講師應負責的領域，但承辦人也需負起自己所企畫立案的教育成果的責任。

例如，從公司以外邀請講師時，講師的人選是否適切、其教育的內容是否滿足企業的目標，學員的理解程度是否能達到預期的目標，這些問題都必須承辦人本身，和所有的學員一起聽課，才能夠真正體驗出來的。

經常可以看到講習結束後，會讓學員提出所謂的心得報告，但這僅是從授課者的立場，所體會的間接評價而已。如果講義授課的內容是承辦人員專職以外的事情，那就更應該一起參與聽課，來加深印象與理解。且對講師坦白說出感想及要求事項，請講師協力配合，這才是教育承辦人的責任與任務。

會對講師教學方法，提出批評的承辦人不少，可是真正了解教育內容、教育方法後，再提出批評的人卻不多。

所以，想具有這種認識與經驗，教育承辦人本身需率先站在講台，培養擔任講師的經驗後，才容易掌握指導上的要點，也只有以這種教學經驗為基礎，才能說出適當的感想或提出適切的要求。

教育承辦人員最頭痛的就是公司講師人選的問題，因為能做講師的優秀人才，在業務方面也一定是優秀的職員，所以，除了自己承辦的工作以外，根本沒有受託當講師的多餘時間。

因「工作繁忙、沒有教學經驗」，而儘量避免擔任講師，參與教育業務，這也是人之常情。

如果能夠委託這些人擔任講師時，承辦人就必須對教學的方法加以建議，絕不能說：「由講師自己決定好了」或「你適當的教就可以了」等不負責任的言詞。

即使是艱深的教育內容，只要教學的方法適當，聽課的人就容易了解。因此，為了要達成這種任務，承辦人最好能具有教學的經驗。這樣不但自己可以獲得擔任講師的專門知識、技巧，而且也能順利的將這些知識，傳授給公司內的講師，來提高教育的效果。

留意「興趣、容易實施」的教育

公司內的教育是為了謀求提高從業人員的智能，所以必須不分階層、職位、研究教育的目的與對象的配合來展開，才是理想的方法。

雖然各企業都認為公司內的教育相當重要，但卻一直拖延不可實施，其理由是教育內容的系統化，不但難以準備而且耗時。

例如進行技術教育時，教育承辦人必須對有關技術的知識有所了解，否則便無從下手。雖然最近各公司，在其教育部門中配置了有關技術方面的人才，來承辦有關技術領域的教育。可是仍有不少公司，採用專業外的事務系統職員，來承辦教育業務，所以發生了不知如何準備的情形，相對的也延遲了教育的實施。

此外，如果教育的對象是經理級的高級主管，那情形就會更加嚴重。

因為經理級的幹部為避免麻煩的講習，所以根本不會積極要求、督促，加上年輕的承辦人對不準教學的重點，使得講習便無從著手。

由於上述的理由，將使教育課目出現兩種情形，一種是從未實施過的課目，另一種則經常實施的課目。其中最具代表性的就是「承辦人有興趣的課目」或「教育承辦人在年輕時代，專門研究的主題」。

例如，在大學的研習會中，接受了著名教授的指導，以至對「領導統御」的課程，不但擁有充分的知識，而且也非常有把握。所以到了今天就會經常以此為教育的內容。

除此之外，教育承辦人特別關心、想學習的主題，也會發生這種情形。例如，對說話的方法、溝通交流的分析以及智能測驗等項目，有意學習的人不少，但承辦人如果不喜歡這項課程，就會認為不值得去實施公司內的教育，只會為自己喜愛的項目傾全力從事。其結果必定會造成「承辦人喜好的課目，才是最必要的課目」。

所謂容易實施的教育，就是以低職位或一般從業員為對象的教育課目。以這些人為對象來進行教育時，不但有許多參考書可以參考，而且聽

課的人也沒有抗拒感，所以教育的次數就會變多。

給教育承辦人對所實施的教育，有充分、自由的裁量權，使其本人也有學習的機會，但上司必須留意，不要讓講習變成承辦人「喜好或容易實施」的教育。

為此，必須一、確定企業所需的教育實施內容的系統化，明確指示實施的基準。二、策定年度計畫時，配合經營的必要性，展開適應環境變化的教育。

企業內教育部門的上級主管中，有不少人認為，教育是特殊的領域，所以委諸承辦人自己辦，而自己卻不肯學習，且經常不加深思的提出意見，這就是教育部門承辦人所應留意的事項。

了解教育行政

教育承辦人必須了解教育行政，尤其是掌握教育訓練全盤事項的中堅幹部，更應該讓其接觸教育行政的領域，以擴大視野，提高其能力。

教育部門擔負著培養人才的大使命，但公司對教育部門的理解並不多，容易造成教育部門孤立的現象，而得不到其他單位的援助。

「沒有實施企業戰略所要求的教育。」

「不能配合現場的需求。」

「教育課程表沒有考慮工作現場的繁、閒。」

在公司內經常會出現這種批判，乍看之下似乎實施了非常完整的教育。其實聽到這種不滿的批判，就是要削減教育預算、裁減教育陣容的前奏，讓教育承辦人員無計可施的作法。

所謂考慮教育行政，就是在這種批評的聲浪中，推行教育方針，提高教育成果的手腕、力量，其基本的對策就是：組織教育委員會。

首先，需積極支援教育部門的整備體系。

教育委員會是檢討從業員全般教育的必要性，以及對教育的推行建議經營者如何實施的審議機關。其主任委員是由人事方面的管理級幹部來擔任（在工廠為副廠長），而委員則由各一級主管、高級幹部來充當。

或許有人會認為，任何公司有關基本方針的決定，都必須召開幹部會

議或主管會議。但這些會議都只是與直接經營方針有關的財務、營業、資材購入、生產等項目為中心課題來討論，而具有幕僚性質的業務，很難受到相同的待遇。所以，只有另外組成其他的組織活動，才容易展開活動。

對委員能期待如下的效果：

一、從經營戰略高層次的觀點來檢討教育的必要性。

二、成為推行教育的宣傳與支援機關。

在審查教育方針策定的階段，委員們進行意見的交換，並由主管負起責任，使得教育實施時，在宣傳、廣告活動方面可獲得支援。

三、教育推行時，對隘路的打通發揮了影響力。

公司內講師的選用，較易獲得教育預算，也較能發揮有力的支援力量。不過，有效活用教育委員，將成為教育承辦人最大的支援力量，也是不爭的事實。

1. 組織公司內講師及輔導員的研究室。
2. 長期的公司內教育，以結業者為對象，組織同期會加以活用。
3. 研究教育部門的專業化。

原來接受教育的第一現場，對教育所提供的內容沒有否決權，但現在的教育部門，卻有一股專業化的趨勢。

如此一來，派遣授課人員的部門，就要負擔研修費，所以必然無法產生效益，而不能召集足夠的受講人員。

因此，教育承辦人，必須努力開發具有效果的教育，因為這也是教育行政發揮力量的良機。

不要培養企業內學者

企業內的教育部門，錄用在大學中主修教育心理學的新進人員的比例，逐年的增高。這是為充實企業內教育，以有能力的人才做為戰力，參與實際運作的一項有見識的人事方針。不過必須注意以下的事項。

「教育」業務，不管是開發指導計畫或視聽器材，都必須有人積極的參與才可以，而其中具有相同性格的部門，就是「勞務」。

企業內教育除了要引進教育學、心理學、行動科學等學問的研究，同

時也需要有工作場所，實際作業的經驗。就像學校的教師一樣，僅說「想要得到成果，就必須看你們努力的程度而定」的原理、原則，學生就可以接受。但工作現場的勞工，卻不能接受這種抽象的觀念性理論，這也就是企業內教育與學校教育最大不同的地方。

因此，讓這些在教育部門工作的新進人員或年輕人，到工作現場去體驗第一線的工作經驗，是不可或缺的。至少在剛進入公司的兩三年內，經驗幾項不同性質的工作，不過，如果是像客人一樣的實習，根本就不能學到任何東西。所以，應正式配屬在適當的組織，親自在現場體驗何謂組織?何謂工作崗位?何謂工作。

此外，教育部門千萬不要成為培養企業內學者的機關，否則將失去其原來的意義。

引進開發研究成果或指導技法，來提升企業內教育，是任何人都期待的事情。但教育機關千萬不要成為「企業內學者」的培養機關。

容易考慮到學識至上的教育承辦人，由於太過追求原理、原則論，以至於實施了忽視自己公司經營方針的戰略，甚至有時候還做出與經營方針

相反的事情。

企業有獲取適切的收益，來完成社會責任的義務。人才的培育，不僅對企業就是對社會也會有所貢獻。不過，即使擁有偉大的專家，如果不能反應在經營業績的企業內教育，那就沒有半點用處了。

創造教育的人際關係

一有機會就宣傳「企業人」的公司，竟然對公司內的教育機關，一點都不重視，其理由是因為企業內教育直接與企業經營有所關連，且以提高受益的組織為中心。所以培育人才的工作，就變成次要地位。

其實深感企業內教育的主管，因為本身業務的繁忙，使得對人才的培育呈現出消極的趨勢，這種現象在委託公司內講師時，就會清楚的表現出來。

可勝任講師職務的人才，在工作崗位上也一定是個不可多得的職員，因為他所承辦的工作已經很忙了，以至於根本沒有時間去參與其他部門的

教育工作，而其上司也恐懼會影響到他所承辦的業務，以至於一再推辭，不讓部屬擔任講師。

從公司以外的地方，邀請適當的講師，也有其困難。只根據教育計畫，就要尋找專門領域的講師，實在不知如何著手才好。對自己公司的教育，究竟那一位來擔任講師較適合，會感到很迷惑而無從下手選擇。

首先必須挖掘精通教育內容的人才，而這些人才，應是在公司內外所舉行的研究發表會上，曾經有發表過論述實績的人，或在專業雜誌上，經常刊載自己著作的人，要不然就是由公司各部門的專門委員會，所推薦的人，經說明後求得承諾才可以。

如果承辦人自認無能為力，就必須請上司去拜託對方的上司，來做說服的工作。此外，在公司內組織教育委員會，再由委員會指定講師的人選，也是一種方法。

有些公司規定處、課長等主管，有擔任教育訓練講師的責任。此外，也有些公司要求中間幹部負起培育後輩的責任，半強制性的擔任一定期間講師工作。

教育不僅僅是出售片斷的知識而已，所以擔任講師的人才必須慎重選擇，無論如何教育，承辦人要不斷的收集資訊，努力發覺可做為講師的人才，並藉此擴張教育的人際關係。

另外還有一種方法，就是請教育研究機關或專門團體，選派適任的講師來擔任。

可是採用這種方法時，必須先調查該機關的性格，因為曾有以介紹講師為業，從中騙取高額介紹費的團體出現，所以必須特別注意。如果該機關或團體，不確認委託公司的教育需求，隨意選派不適任的講師，使公司遭受損失，那麼負責此項工作的教育部門，就必須負最大的責任。

所謂適當的方法，就是承辦人本身閱讀企業教育的專業雜誌或參加企業內研習會，以自己的眼睛、耳朵確認最適切的講師。如果能更進一步參加這種社團、機關而成為會員，那就能在其他公司，聽取其研修狀況的成果，有些講師更會特意安排你去參加聽講，增進彼此的認識。

最近在地區性的聚會中，盛行以企業內的教育講師或人才開發的顧問為中心，舉辦各項研習講座，參與這種聚會的人，就可以輕易的和適任的

講師接觸，增進彼此的了解，真是獲益非淺。

常與公司外講師接觸

在企業內的教育研習會中，委託公司外講師的公司逐漸增加。因為公司外講師具有專業的知識，以及豐富的教學經驗，能獲得較高的教育效果。而教育承辦人由於經常和這些公司外講師接觸，所以本身也獲得一個非常好的學習機會。

至於，上司對其部屬承辦人，則必須做下列各項的指示。

運用公司外講師較為適切的教育內容是——

一、需要基礎性的教育（以教學方法為主）專門的知識經驗。

二、以公司內講師的業務活動關係較小的主題為主，來實施教育。

三、因為周圍的狀況、條件，從公司內聘請講師，較不適切的教育。

例如，勞資關係陷入惡劣狀態的公司，所實施的勞資關係課程為了保持中立性，委託公司外的講師，較不會發生問題。

四、從教育預算檢討。

聘請公司外講師，需要付出高額的經費，如果是聘請遠地的講師，更需付出交通費及住宿費。所以，即使是聘請公司外講師較適合的課程，也需考慮到支出經費的平衡性。

五、如何選擇適合教育課程的講師。

講師的選擇，直接影響到教育的效果，已是不爭的事實。所以平常就需收集有關的情報，才能適時聘請適合教育課程的講師。

教育承辦人與講師的接觸及事前的協調，將可以從中獲取不少東西。不過，如果聘請社會、經濟、文化、國際問題及運動等知名人士演講，就不必做事前的協調，因為這些知名人士，多數都討厭這類繁雜的事情。

然而「研習指導」卻不可缺少事先的協調，至於協調的內容，則需留意下列事項。

一、說明公司的歷史、概要、特色、經營方針、經營狀況以及業界活動的概要。

二、提供研習目的、教育計畫與講授主題的關連性，及有關受訓學員

的參考資料等。

三、提出教育承辦人的要求事項（儘可能具體說出）和進行的方法。

四、有關謝禮的研習所需經費。

對上述各項，一面請求講師諒解，一面檢討計畫，對委託授課的主題，如果教育承辦人沒有和講師有充分溝通的預備知識，而僅能說「請拜託」的信差辭句，那即使從公司外聘請再好的講師，其教育效果也會被削減。

留意講義的配佈、資料的準備以及視聽教材的安排，如果講師有時間，就事先請講師前往視察，受訓學員的工作場所，因為讓講師把握現場實況，會提高講師的授課效果。

五、教育承辦人必須出席課堂，聽取講師的說稿，確認是否按照計畫的內容，適當的進行。

不要僅做要求受訓學員提出受訓心得的間接性處理。

上司在事前依上述事項指示部屬，並要求部屬報告實施的進度，給予適切的建議及指導。這種經驗的累積和提高教育承辦人的能力，發生了密

切的關係。

教育承辦人注意自我啟發

以提高員工能力為職責的教育承辦人，對自己的能力開發卻不太關心。

在實施各種教育時，由於需擔任計畫的立案、教材的整理及推動各種活動，使得教育承辦人忙不過來，如果遇到住宿研習會，其討論就必須一直進行到深夜，連自己的家都回不成，所以即使想開發自己的能力，卻找不出空閒的時間。

雖然如此，這一切並非無法解決，因為只要比別人更用功讀書，一定可以超過別人。此外，相同的講義連續使用好幾年的時代，已經過去了。

一、上司應該嚴格的激勵部屬，並為其規畫課題、指示其研究。

例如，以「管理者教育課程的改善」、「營業經理培養課程的開發」等為主體的課程，或以「有效進行教育指導的方法」、「視聽教材最近的

趨勢」為依據，來選擇研究的課題及進行的方法。不過，需特別注意，不要因工作太忙，就不著手研究所賦予的課題。

二、如果沒有「自我啟發也是工作」的氣魄，就不能順利的執行。

教育承辦人以自我的啟發，來提高自己的能力，將直接對自己所承辦的業務造成影響，所以承辦人力量的總和，就成為教育承辦單位的組織戰力。也就是，上司不可把部屬的「自我啟發」，隨意的委諸別人來辦理。

指定專門的書籍讓部屬閱讀，聽其心得與感想，或積極派部屬參與公司外的演講會、研習會，對承辦人來說，不但擴大了視野，更可以收集到不同的資訊。如果能進一步理解講師的授課內容及教學的進行方法，則可做為今後聘請公司外講師的寶貴參考資料。

承辦人本身如果事前對所邀請的講師，毫無所知或從未聽其演講，就會對該講師是否適任，而感到不安、憂慮。

此外，上司要儘可能集合有關人員，以所擔任的研究課題，如研究課程的開發說明、指定專門書籍的讀書心得報告，以及出席公司外研習會的聽講內容報告等，做為各承辦人的共同教材，互相檢討批評，切磋琢磨的

聚會。

這種聚會必須規定日期定期實施，如果不確保優先實施教育的時間帶，就不能召集全部的相關人員，使得承辦人經常忙於日常業務，不能提高自我教育及「自我啟發」的效果。

歐洲有一句格言「裁縫師穿最差的服裝，製鞋匠穿最差的鞋」，這句話值得我們深記在心。

換言之，一個教育承辦人，如果不能確定其追尋的目標，不能繼續努力開發自我，就必須趕快離開教育部門。

研究說話的方法

教育承辦人必備的指導能力是讀、寫、說、聽，其中說、聽尤其重要。有些承辦人根本不會介紹講師，因為這些人一開始就忽視了這短短的幾分鐘，而不去努力準備。

「三十分鐘的演講，只要五分鐘的準備就夠了，但是五分鐘的說話，

則需要準備三十分鐘。」這是英國前首相邱吉爾的名言，連這位著名演說家都有如此謹慎的態度，何況是我們呢？

並非具備適切的講義，完善的視聽教材及內容豐富的教材，就能達到教育的效果。

而如何充實上課的內容，深入淺出的傳達給受訓的學員，才是講師所應負的大責任，就和學校老師的上課內容，無法吸引學生來上課，是老師的責任的道理是一樣的。

如果課程較難不易吸收，講師就應該設法使聽課的學員忘掉排斥感，並引起他們對課程的關心。

不管是自己撰寫的講義，還是借用別人的教科書，講師必須完全了解講義的內容，並予以消化不留絲毫疑問，即使不看原稿也能講課。

不過只看看稿是不夠的，必須花一段比上課時間更長的工夫，來進行試講，才可以培養出充分的講課信心，從容的上台講課。

此外，應該將事前準備好的講義放在講桌上，如果沒把講義放在講桌上，聽講的學員就會認為講師「隨便講課」，而產生不信任的感覺。

不過在講課中，如果閱讀講義，就會使說話的氣魄降低，因此，為了避免這種現象，把講義的字寫大一點，並附上進度表，不但可使講師輕易自然的看到講義的內容，更可以避免重複或遺漏的現象發生。

講課中一面要確認聽講者的反應，一面要掌握聽課者是否了解。

講師從聽講人的表情、態度及聽課時的投入與否，就可確認「是否不了解上課的內容，而感到無聊」或「是否對課程的內容不關心」，如果是說明的不夠充分，就需重複補充說明，且能在艱深的課題中，說一些笑話來轉變聽講人的情緒。

講師千萬不能認為，聽講者無法理解授課內容，是因為聽講者的程度不夠所造成的，而自己完全不需負責的推諉說法。

講師的注意事項

講師應該關心講課的進行方法。

最近由於電訊科技的普及，所以在講課的時候，最好能使用大家都聽

得懂的共同語言。

說明重要內容時，需特別提醒「這一段是重要事項」，閱讀或複頌原稿來加深印象。

以下就教學的具體方法，來加以說明。

①留意音量和說話的速度是否適切

講師講課時，其說話的音量必須配合課堂的大小，最近利用麥克風上課的風氣相當普及，但最好不要使用麥克風來上課，其效果會比較好。所以在講課前，先了解課堂的大小和座位的安排，是必要的手續。此外，如果上課的速度超過平常一般會話的速度，將使對方不容易了解上課的內容，必須特別注意。

②注意語尾

即使講課的速度很慢能使對方理解，但如果語尾不明就可能會降低講課的效果。

一般在進行對話時，語尾很容易在口中消失，因此，在多數人面前說話時，要留意把語尾明白的說出來。

③留意講話的態度

有人說：「話不是用耳朵聽的，而是用眼睛看的。」可見說話者的態度是極為重要的。

一個小時或兩個小時都不離開講台的講師，會使聽講者感到疲勞。此外，如果講師與講課內容毫無關係的走來走去，也會被認為是不沈著的表現。

威風凜凜的態度，會引起聽者的反感，裝模作樣的態度，則會失去親和力，而忽視聽講者的態度，更會使人厭惡不已。所以，講師要以誠實、開朗、自然的態度，來吸引聽講者注意聽講。

④有效的使用黑板、圖表及視聽器材

「黑板」是為了整理說話內容，或把聽講者所提的問題記上去，來加深其理解的輔助器材。所以，必須研究出有效果的黑板使用方法，亦即，要使大家都能理解、留意，書寫的位置、使用的顏色及圖形等。

視聽器材並非獨立的教材，所以要使其成為功能良好的輔助教材，就必須要研究，「應該在什麼地方使用」、「該如何使用」。

⑤不但要發問而且要接受質問

講師向聽講者發問，是為了確認聽眾是否了解的手段，這也是彌補講師講課不足的一項方法。所以在上課時，必須積極發問，並接受講師的質問，如果講師對學員的問題，沒有十分把握，就要明確的回答「我回去研究、查證後，再詳細的回答你。」

這種作法並不是什麼不名譽的事情，如果講些含糊的答案或不完整的隨意敷衍過去，反而更丟臉。

大展出版社有限公司
品冠文化出版社

圖書目錄

地址：台北市北投區（石牌）
致遠一路二段 12 巷 1 號
電話：（02）28236031
28236033
郵撥：01669551＜大展＞
傳真：（02）28272069

・少年偵探・品冠編號 66

1. 怪盜二十面相	（精）	江戶川亂步著	特價 189 元
2. 少年偵探團	（精）	江戶川亂步著	特價 189 元
3. 妖怪博士	（精）	江戶川亂步著	特價 189 元
4. 大金塊	（精）	江戶川亂步著	特價 230 元
5. 青銅魔人	（精）	江戶川亂步著	特價 230 元
6. 地底魔術王	（精）	江戶川亂步著	特價 230 元
7. 透明怪人	（精）	江戶川亂步著	特價 230 元
8. 怪人四十面相	（精）	江戶川亂步著	特價 230 元
9. 宇宙怪人	（精）	江戶川亂步著	特價 230 元
10. 恐怖的鐵塔王國	（精）	江戶川亂步著	特價 230 元
11. 灰色巨人	（精）	江戶川亂步著	特價 230 元
12. 海底魔術師	（精）	江戶川亂步著	特價 230 元
13. 黃金豹	（精）	江戶川亂步著	特價 230 元
14. 魔法博士	（精）	江戶川亂步著	特價 230 元
15. 馬戲怪人	（精）	江戶川亂步著	特價 230 元
16. 魔人銅鑼	（精）	江戶川亂步著	特價 230 元
17. 魔法人偶	（精）	江戶川亂步著	特價 230 元
18. 奇面城的秘密	（精）	江戶川亂步著	特價 230 元
19. 夜光人	（精）	江戶川亂步著	
20. 塔上的魔術師	（精）	江戶川亂步著	
21. 鐵人Q	（精）	江戶川亂步著	
22. 假面恐怖王	（精）	江戶川亂步著	
23. 電人M	（精）	江戶川亂步著	
24. 二十面相的詛咒	（精）	江戶川亂步著	
25. 飛天二十面相	（精）	江戶川亂步著	
26. 黃金怪獸	（精）	江戶川亂步著	

・生活廣場・品冠編號 61・

1. 366 天誕生星	李芳黛譯	280 元
2. 366 天誕生花與誕生石	李芳黛譯	280 元

3.	科學命相	淺野八郎著	220 元
4.	已知的他界科學	陳蒼杰譯	220 元
5.	開拓未來的他界科學	陳蒼杰譯	220 元
6.	世紀末變態心理犯罪檔案	沈永嘉譯	240 元
7.	366 天開運年鑑	林廷宇編著	230 元
8.	色彩學與你	野村順一著	230 元
9.	科學手相	淺野八郎著	230 元
10.	你也能成為戀愛高手	柯富陽編著	220 元
11.	血型與十二星座	許淑瑛編著	230 元
12.	動物測驗—人性現形	淺野八郎著	200 元
13.	愛情、幸福完全自測	淺野八郎著	200 元
14.	輕鬆攻佔女性	趙奕世編著	230 元
15.	解讀命運密碼	郭宗德著	200 元
16.	由客家了解亞洲	高木桂藏著	220 元

・女醫師系列・品冠編號 62

1.	子宮內膜症	國府田清子著	200 元
2.	子宮肌瘤	黑島淳子著	200 元
3.	上班女性的壓力症候群	池下育子著	200 元
4.	漏尿、尿失禁	中田真木著	200 元
5.	高齡生產	大鷹美子著	200 元
6.	子宮癌	上坊敏子著	200 元
7.	避孕	早乙女智子著	200 元
8.	不孕症	中村春根著	200 元
9.	生理痛與生理不順	堀口雅子著	200 元
10.	更年期	野末悅子著	200 元

・傳統民俗療法・品冠編號 63

1.	神奇刀療法	潘文雄著	200 元
2.	神奇拍打療法	安在峰著	200 元
3.	神奇拔罐療法	安在峰著	200 元
4.	神奇艾灸療法	安在峰著	200 元
5.	神奇貼敷療法	安在峰著	200 元
6.	神奇薰洗療法	安在峰著	200 元
7.	神奇耳穴療法	安在峰著	200 元
8.	神奇指針療法	安在峰著	200 元
9.	神奇藥酒療法	安在峰著	200 元
10.	神奇藥茶療法	安在峰著	200 元
11.	神奇推拿療法	張貴荷著	200 元
12.	神奇止痛療法	漆浩 著	200 元

・彩色圖解保健・品冠編號 64

1. 瘦身	主婦之友社	300 元
2. 腰痛	主婦之友社	300 元
3. 肩膀痠痛	主婦之友社	300 元
4. 腰、膝、腳的疼痛	主婦之友社	300 元
5. 壓力、精神疲勞	主婦之友社	300 元
6. 眼睛疲勞、視力減退	主婦之友社	300 元

・心 想 事 成・品冠編號 65

1. 魔法愛情點心	結城莫拉著	120 元
2. 可愛手工飾品	結城莫拉著	120 元
3. 可愛打扮 & 髮型	結城莫拉著	120 元
4. 撲克牌算命	結城莫拉著	120 元

・熱 門 新 知・品冠編號 67

1. 圖解基因與 DNA （精）	中原英臣 主編	230 元

法律專欄連載・大展編號 58

台大法學院　　法律學系／策劃
法律服務社／編著

1. 別讓您的權利睡著了(1)	200 元
2. 別讓您的權利睡著了(2)	200 元

・名師出高徒・大展編號 111

1. 武術基本功與基本動作	劉玉萍編著	200 元
2. 長拳入門與精進	吳彬 等著	220 元
3. 劍術刀術入門與精進	楊柏龍等著	220 元
4. 棍術、槍術入門與精進	邱丕相編著	220 元
5. 南拳入門與精進	朱瑞琪編著	220 元
6. 散手入門與精進	張 山等著	220 元
7. 太極拳入門與精進	李德印編著	280 元
8. 太極推手入門與精進	田金龍編著	220 元

・實用武術技擊・大展編號 112

1. 實用自衛拳法	溫佐惠著	250 元
2. 搏擊術精選	陳清山等著	220 元

3. 秘傳防身絕技　程崑彬著　230 元
4. 振藩截拳道入門　陳琦平著　220 元

・中國武術規定套路・大展編號 113

1. 螳螂拳　中國武術系列　300 元
2. 劈掛拳　規定套路編寫組　300 元
3. 八極拳

・中華傳統武術・大展編號 114

1. 中華古今兵械圖考　裴錫榮主編　280 元
2. 武當劍　陳湘陵編著　200 元

・武術特輯・大展編號 10

1. 陳式太極拳入門　馮志強編著　180 元
2. 武式太極拳　郝少如編著　200 元
3. 練功十八法入門　蕭京凌編著　120 元
4. 教門長拳　蕭京凌編著　150 元
5. 跆拳道　蕭京凌編譯　180 元
6. 正傳合氣道　程曉鈴譯　200 元
7. 圖解雙節棍　陳銘遠著　150 元
8. 格鬥空手道　鄭旭旭編著　200 元
9. 實用跆拳道　陳國榮編著　200 元
10. 武術初學指南　李文英、解守德編著　250 元
11. 泰國拳　陳國榮著　180 元
12. 中國式摔跤　黃　斌編著　180 元
13. 太極劍入門　李德印編著　180 元
14. 太極拳運動　運動司編　250 元
15. 太極拳譜　清・王宗岳等著　280 元
16. 散手初學　冷　峰編著　200 元
17. 南拳　朱瑞琪編著　180 元
18. 吳式太極劍　王培生著　200 元
19. 太極拳健身與技擊　王培生著　250 元
20. 秘傳武當八卦掌　狄兆龍著　250 元
21. 太極拳論譚　沈　壽著　250 元
22. 陳式太極拳技擊法　馬　虹著　250 元
23. 二十四式 三十二式 太極 拳 劍　闞桂香著　180 元
24. 楊式秘傳 129 式太極長拳　張楚全著　280 元
25. 楊式太極拳架詳解　林炳堯著　280 元
26. 華佗五禽劍　劉時榮著　180 元
27. 太極拳基礎講座：基本功與簡化 24 式　李德印著　250 元

28.	武式太極拳精華	薛乃印著	200 元
29.	陳式太極拳拳理闡微	馬　虹著	350 元
30.	陳式太極拳體用全書	馬　虹著	400 元
31.	張三豐太極拳	陳占奎著	200 元
32.	中國太極推手	張　山主編	300 元
33.	48 式太極拳入門	門惠豐編著	220 元
34.	太極拳奇人奇功	嚴翰秀編著	250 元
35.	心意門秘籍	李新民編著	220 元
36.	三才門乾坤戊己功	王培生編著	220 元
37.	武式太極劍精華 +VCD	薛乃印編著	350 元
38.	楊式太極拳	傅鐘文演述	200 元
39.	陳式太極拳、劍 36 式	闞桂香編著	250 元
40.	正宗武式太極拳	薛乃印著	220 元
41.	杜元化＜太極拳正宗＞考析	王海洲等著	300 元
42.	＜珍貴版＞陳式太極拳	沈家楨著	280 元
43.	24 式太極拳＋VCD	中國國家體育總局著	350 元
44.	太極推手絕技	安在峰編著	250 元
45.	孫祿堂武學錄	孫祿堂著	300 元
46.	＜珍貴本＞陳式太極拳精選	馮志強著	280 元
47.	武當趙保太極拳小架	鄭悟清傳授	250 元

・原地太極拳系列・大展編號 11

1.	原地綜合太極拳 24 式	胡啟賢創編	220 元
2.	原地活步太極拳 42 式	胡啟賢創編	200 元
3.	原地簡化太極拳 24 式	胡啟賢創編	200 元
4.	原地太極拳 12 式	胡啟賢創編	200 元

・道 學 文 化・大展編號 12

1.	道在養生：道教長壽術	郝　勤等著	250 元
2.	龍虎丹道：道教內丹術	郝　勤著	300 元
3.	天上人間：道教神仙譜系	黃德海著	250 元
4.	步罡踏斗：道教祭禮儀典	張澤洪著	250 元
5.	道醫窺秘：道教醫學康復術	王慶餘等著	250 元
6.	勸善成仙：道教生命倫理	李　剛著	250 元
7.	洞天福地：道教宮觀勝境	沙銘壽著	250 元
8.	青詞碧簫：道教文學藝術	楊光文等著	250 元
9.	沈博絕麗：道教格言精粹	朱耕發等著	250 元

・易 學 智 慧・大展編號 122

1.	易學與管理	余敦康主編	250 元

2.	易學與養生	劉長林等著	300 元
3.	易學與美學	劉綱紀等著	300 元
4.	易學與科技	董光壁著	280 元
5.	易學與建築	韓增祿著	280 元
6.	易學源流	鄭萬耕著	280 元
7.	易學的思維	傅雲龍等著	250 元
8.	周易與易圖	李 申著	250 元

・神算大師・大展編號 123

1.	劉伯溫神算兵法	應 涵編著	280 元
2.	姜太公神算兵法	應 涵編著	280 元
3.	鬼谷子神算兵法	應 涵編著	280 元
4.	諸葛亮神算兵法	應 涵編著	280 元

・秘傳占卜系列・大展編號 14

1.	手相術	淺野八郎著	180 元
2.	人相術	淺野八郎著	180 元
3.	西洋占星術	淺野八郎著	180 元
4.	中國神奇占卜	淺野八郎著	150 元
5.	夢判斷	淺野八郎著	150 元
6.	前世、來世占卜	淺野八郎著	150 元
7.	法國式血型學	淺野八郎著	150 元
8.	靈感、符咒學	淺野八郎著	150 元
9.	紙牌占卜術	淺野八郎著	150 元
10.	ESP 超能力占卜	淺野八郎著	150 元
11.	猶太數的秘術	淺野八郎著	150 元
12.	新心理測驗	淺野八郎著	160 元
13.	塔羅牌預言秘法	淺野八郎著	200 元

・趣味心理講座・大展編號 15

1.	性格測驗	探索男與女	淺野八郎著	140 元
2.	性格測驗	透視人心奧秘	淺野八郎著	140 元
3.	性格測驗	發現陌生的自己	淺野八郎著	140 元
4.	性格測驗	發現你的真面目	淺野八郎著	140 元
5.	性格測驗	讓你們吃驚	淺野八郎著	140 元
6.	性格測驗	洞穿心理盲點	淺野八郎著	140 元
7.	性格測驗	探索對方心理	淺野八郎著	140 元
8.	性格測驗	由吃認識自己	淺野八郎著	160 元
9.	性格測驗	戀愛知多少	淺野八郎著	160 元
10.	性格測驗	由裝扮瞭解人心	淺野八郎著	160 元

11. 性格測驗　敲開內心玄機　淺野八郎著　140 元
12. 性格測驗　透視你的未來　淺野八郎著　160 元
13. 血型與你的一生　淺野八郎著　160 元
14. 趣味推理遊戲　淺野八郎著　160 元
15. 行為語言解析　淺野八郎著　160 元

・婦幼天地・大展編號 16

1. 八萬人減肥成果　黃靜香譯　180 元
2. 三分鐘減肥體操　楊鴻儒譯　150 元
3. 窈窕淑女美髮秘訣　柯素娥譯　130 元
4. 使妳更迷人　成　玉譯　130 元
5. 女性的更年期　官舒妍編譯　160 元
6. 胎內育兒法　李玉瓊編譯　150 元
7. 早產兒袋鼠式護理　唐岱蘭譯　200 元
8. 初次懷孕與生產　婦幼天地編譯組　180 元
9. 初次育兒 12 個月　婦幼天地編譯組　180 元
10. 斷乳食與幼兒食　婦幼天地編譯組　180 元
11. 培養幼兒能力與性向　婦幼天地編譯組　180 元
12. 培養幼兒創造力的玩具與遊戲　婦幼天地編譯組　180 元
13. 幼兒的症狀與疾病　婦幼天地編譯組　180 元
14. 腿部苗條健美法　婦幼天地編譯組　180 元
15. 女性腰痛別忽視　婦幼天地編譯組　150 元
16. 舒展身心體操術　李玉瓊編譯　130 元
17. 三分鐘臉部體操　趙薇妮著　160 元
18. 生動的笑容表情術　趙薇妮著　160 元
19. 心曠神怡減肥法　川津祐介著　130 元
20. 內衣使妳更美麗　陳玄茹譯　130 元
21. 瑜伽美姿美容　黃靜香編著　180 元
22. 高雅女性裝扮學　陳珮玲譯　180 元
23. 蠶糞肌膚美顏法　梨秀子著　160 元
24. 認識妳的身體　李玉瓊譯　160 元
25. 產後恢復苗條體態　居理安・芙萊喬著　200 元
26. 正確護髮美容法　山崎伊久江著　180 元
27. 安琪拉美姿養生學　安琪拉蘭斯博瑞著　180 元
28. 女體性醫學剖析　增田豐著　220 元
29. 懷孕與生產剖析　岡部綾子著　180 元
30. 斷奶後的健康育兒　東城百合子著　220 元
31. 引出孩子幹勁的責罵藝術　多湖輝著　170 元
32. 培養孩子獨立的藝術　多湖輝著　170 元
33. 子宮肌瘤與卵巢囊腫　陳秀琳編著　180 元
34. 下半身減肥法　納他夏・史達賓著　180 元
35. 女性自然美容法　吳雅菁編著　180 元
36. 再也不發胖　池園悅太郎著　170 元

37. 生男生女控制術	中垣勝裕著	220 元
38. 使妳的肌膚更亮麗	楊　皓編著	170 元
39. 臉部輪廓變美	芝崎義夫著	180 元
40. 斑點、皺紋自己治療	高須克彌著	180 元
41. 面皰自己治療	伊藤雄康著	180 元
42. 隨心所欲瘦身冥想法	原久子著	180 元
43. 胎兒革命	鈴木丈織著	180 元
44. NS 磁氣平衡法塑造窈窕奇蹟	古屋和江著	180 元
45. 享瘦從腳開始	山田陽子著	180 元
46. 小改變瘦 4 公斤	宮本裕子著	180 元
47. 軟管減肥瘦身	高橋輝男著	180 元
48. 海藻精神秘美容法	劉名揚編著	180 元
49. 肌膚保養與脫毛	鈴木真理著	180 元
50. 10 天減肥 3 公斤	彤雲編輯組	180 元
51. 穿出自己的品味	西村玲子著	280 元
52. 小孩髮型設計	李芳黛譯	250 元

・青 春 天 地・大展編號 17

1. A 血型與星座	柯素娥編譯	160 元
2. B 血型與星座	柯素娥編譯	160 元
3. O 血型與星座	柯素娥編譯	160 元
4. AB 血型與星座	柯素娥編譯	120 元
5. 青春期性教室	呂貴嵐編譯	130 元
7. 難解數學破題	宋釗宜編譯	130 元
9. 小論文寫作秘訣	林顯茂編譯	120 元
11. 中學生野外遊戲	熊谷康編著	120 元
12. 恐怖極短篇	柯素娥編譯	130 元
13. 恐怖夜話	小毛驢編譯	130 元
14. 恐怖幽默短篇	小毛驢編譯	120 元
15. 黑色幽默短篇	小毛驢編譯	120 元
16. 靈異怪談	小毛驢編譯	130 元
17. 錯覺遊戲	小毛驢編著	130 元
18. 整人遊戲	小毛驢編著	150 元
19. 有趣的超常識	柯素娥編譯	130 元
20. 哦！原來如此	林慶旺編譯	130 元
21. 趣味競賽 100 種	劉名揚編譯	120 元
22. 數學謎題入門	宋釗宜編譯	150 元
23. 數學謎題解析	宋釗宜編譯	150 元
24. 透視男女心理	林慶旺編譯	120 元
25. 少女情懷的自白	李桂蘭編譯	120 元
26. 由兄弟姊妹看命運	李玉瓊編譯	130 元
27. 趣味的科學魔術	林慶旺編譯	150 元
28. 趣味的心理實驗室	李燕玲編譯	150 元

29. 愛與性心理測驗　小毛驢編譯　130 元
30. 刑案推理解謎　小毛驢編譯　180 元
31. 偵探常識推理　小毛驢編譯　180 元
32. 偵探常識解謎　小毛驢編譯　130 元
33. 偵探推理遊戲　小毛驢編譯　180 元
34. 趣味的超魔術　廖玉山編著　150 元
35. 趣味的珍奇發明　柯素娥編著　150 元
36. 登山用具與技巧　陳瑞菊編著　150 元
37. 性的漫談　蘇燕謀編著　180 元
38. 無的漫談　蘇燕謀編著　180 元
39. 黑色漫談　蘇燕謀編著　180 元
40. 白色漫談　蘇燕謀編著　180 元

・健 康 天 地・大展編號 18

1. 壓力的預防與治療　柯素娥編譯　130 元
2. 超科學氣的魔力　柯素娥編譯　130 元
3. 尿療法治病的神奇　中尾良一著　130 元
4. 鐵證如山的尿療法奇蹟　廖玉山譯　120 元
5. 一日斷食健康法　葉慈容編譯　150 元
6. 胃部強健法　陳炳崑譯　120 元
7. 癌症早期檢查法　廖松濤譯　160 元
8. 老人痴呆症防止法　柯素娥編譯　170 元
9. 松葉汁健康飲料　陳麗芬編譯　150 元
10. 揉肚臍健康法　永井秋夫著　150 元
11. 過勞死、猝死的預防　卓秀貞編譯　130 元
12. 高血壓治療與飲食　藤山順豐著　180 元
13. 老人看護指南　柯素娥編譯　150 元
14. 美容外科淺談　楊啟宏著　150 元
15. 美容外科新境界　楊啟宏著　150 元
16. 鹽是天然的醫生　西英司郎著　140 元
17. 年輕十歲不是夢　梁瑞麟譯　200 元
18. 茶料理治百病　桑野和民著　180 元
20. 杜仲茶養顏減肥法　西田博著　170 元
21. 蜂膠驚人療效　瀨長良三郎著　180 元
22. 蜂膠治百病　瀨長良三郎著　180 元
23. 醫藥與生活　鄭炳全著　180 元
24. 鈣長生寶典　落合敏著　180 元
25. 大蒜長生寶典　木下繁太郎著　160 元
26. 居家自我健康檢查　石川恭三著　160 元
27. 永恆的健康人生　李秀鈴譯　200 元
28. 大豆卵磷脂長生寶典　劉雪卿譯　150 元
29. 芳香療法　梁艾琳譯　160 元
30. 醋長生寶典　柯素娥譯　180 元

31. 從星座透視健康	席拉・吉蒂斯著	180 元
32. 愉悅自在保健學	野本二士夫著	160 元
33. 裸睡健康法	丸山淳士等著	160 元
34. 糖尿病預防與治療	藤山順豐著	180 元
35. 維他命長生寶典	菅原明子著	180 元
36. 維他命 C 新效果	鐘文訓編	150 元
37. 手、腳病理按摩	堤芳朗著	160 元
38. AIDS 瞭解與預防	彼得塔歇爾著	180 元
39. 甲殼質殼聚糖健康法	沈永嘉譯	160 元
40. 神經痛預防與治療	木下真男著	160 元
41. 室內身體鍛鍊法	陳炳崑編著	160 元
42. 吃出健康藥膳	劉大器編著	180 元
43. 自我指壓術	蘇燕謀編著	160 元
44. 紅蘿蔔汁斷食療法	李玉瓊編著	150 元
45. 洗心術健康秘法	竺翠萍編譯	170 元
46. 枇杷葉健康療法	柯素娥編譯	180 元
47. 抗衰血癒	楊啟宏著	180 元
48. 與癌搏鬥記	逸見政孝著	180 元
49. 冬蟲夏草長生寶典	高橋義博著	170 元
50. 痔瘡・大腸疾病先端療法	宮島伸宜著	180 元
51. 膠布治癒頑固慢性病	加瀨建造著	180 元
52. 芝麻神奇健康法	小林貞作著	170 元
53. 香煙能防止癡呆？	高田明和著	180 元
54. 穀菜食治癌療法	佐藤成志著	180 元
55. 貼藥健康法	松原英多著	180 元
56. 克服癌症調和道呼吸法	帶津良一著	180 元
57. B 型肝炎預防與治療	野村喜重郎著	180 元
58. 青春永駐養生導引術	早島正雄著	180 元
59. 改變呼吸法創造健康	原久子著	180 元
60. 荷爾蒙平衡養生秘訣	出村博著	180 元
61. 水美肌健康法	井戶勝富著	170 元
62. 認識食物掌握健康	廖梅珠編著	170 元
63. 痛風劇痛消除法	鈴木吉彥著	180 元
64. 酸莖菌驚人療效	上田明彥著	180 元
65. 大豆卵磷脂治現代病	神津健一著	200 元
66. 時辰療法—危險時刻凌晨 4 時	呂建強等著	180 元
67. 自然治癒力提升法	帶津良一著	180 元
68. 巧妙的氣保健法	藤平墨子著	180 元
69. 治癒 C 型肝炎	熊田博光著	180 元
70. 肝臟病預防與治療	劉名揚編著	180 元
71. 腰痛平衡療法	荒井政信著	180 元
72. 根治多汗症、狐臭	稻葉益巳著	220 元
73. 40 歲以後的骨質疏鬆症	沈永嘉譯	180 元
74. 認識中藥	松下一成著	180 元

75. 認識氣的科學	佐佐木茂美著	180 元
76. 我戰勝了癌症	安田伸著	180 元
77. 斑點是身心的危險信號	中野進著	180 元
78. 艾波拉病毒大震撼	玉川重德著	180 元
79. 重新還我黑髮	桑名隆一郎著	180 元
80. 身體節律與健康	林博史著	180 元
81. 生薑治萬病	石原結實著	180 元
83. 木炭驚人的威力	大槻彰著	200 元
84. 認識活性氧	井土貴司著	180 元
85. 深海鮫治百病	廖玉山編著	180 元
86. 神奇的蜂王乳	井上丹治著	180 元
87. 卡拉 OK 健腦法	東潔著	180 元
88. 卡拉 OK 健康法	福田伴男著	180 元
89. 醫藥與生活	鄭炳全著	200 元
90. 洋蔥治百病	宮尾興平著	180 元
91. 年輕 10 歲快步健康法	石塚忠雄著	180 元
92. 石榴的驚人神效	岡本順子著	180 元
93. 飲料健康法	白鳥早奈英著	180 元
94. 健康棒體操	劉名揚編譯	180 元
95. 催眠健康法	蕭京凌編著	180 元
96. 鬱金（美王）治百病	水野修一著	180 元
97. 醫藥與生活	鄭炳全著	200 元

・實用女性學講座・大展編號 19

1. 解讀女性內心世界	島田一男著	150 元
2. 塑造成熟的女性	島田一男著	150 元
3. 女性整體裝扮學	黃靜香編著	180 元
4. 女性應對禮儀	黃靜香編著	180 元
5. 女性婚前必修	小野十傳著	200 元
6. 徹底瞭解女人	田口二州著	180 元
7. 拆穿女性謊言 88 招	島田一男著	200 元
8. 解讀女人心	島田一男著	200 元
9. 俘獲女性絕招	志賀貢著	200 元
10. 愛情的壓力解套	中村理英子著	200 元
11. 妳是人見人愛的女孩	廖松濤編著	200 元

・校園系列・大展編號 20

1. 讀書集中術	多湖輝著	180 元
2. 應考的訣竅	多湖輝著	150 元
3. 輕鬆讀書贏得聯考	多湖輝著	180 元
4. 讀書記憶秘訣	多湖輝著	180 元

5. 視力恢復！超速讀術 江錦雲譯 180 元
6. 讀書 36 計 黃柏松編著 180 元
7. 驚人的速讀術 鐘文訓編著 170 元
8. 學生課業輔導良方 多湖輝著 180 元
9. 超速讀超記憶法 廖松濤編著 180 元
10. 速算解題技巧 宋釗宜編著 200 元
11. 看圖學英文 陳炳崑編著 200 元
12. 讓孩子最喜歡數學 沈永嘉譯 180 元
13. 催眠記憶術 林碧清譯 180 元
14. 催眠速讀術 林碧清譯 180 元
15. 數學式思考學習法 劉淑錦譯 200 元
16. 考試憑要領 劉孝暉著 180 元
17. 事半功倍讀書法 王毅希著 200 元
18. 超金榜題名術 陳蒼杰譯 200 元
19. 靈活記憶術 林耀慶編著 180 元
20. 數學增強要領 江修楨編著 180 元
21. 使頭腦靈活的數學 逢澤明著 200 元

・實用心理學講座・ 大展編號 21

1. 拆穿欺騙伎倆 多湖輝著 140 元
2. 創造好構想 多湖輝著 140 元
3. 面對面心理術 多湖輝著 160 元
4. 偽裝心理術 多湖輝著 140 元
5. 透視人性弱點 多湖輝著 180 元
6. 自我表現術 多湖輝著 180 元
7. 不可思議的人性心理 多湖輝著 180 元
8. 催眠術入門 多湖輝著 150 元
9. 責罵部屬的藝術 多湖輝著 150 元
10. 精神力 多湖輝著 150 元
11. 厚黑說服術 多湖輝著 150 元
12. 集中力 多湖輝著 150 元
13. 構想力 多湖輝著 150 元
14. 深層心理術 多湖輝著 160 元
15. 深層語言術 多湖輝著 160 元
16. 深層說服術 多湖輝著 180 元
17. 掌握潛在心理 多湖輝著 160 元
18. 洞悉心理陷阱 多湖輝著 180 元
19. 解讀金錢心理 多湖輝著 180 元
20. 拆穿語言圈套 多湖輝著 180 元
21. 語言的內心玄機 多湖輝著 180 元
22. 積極力 多湖輝著 180 元

・超現實心靈講座・大展編號 22

1.	超意識覺醒法	詹蔚芬編譯	130 元
2.	護摩秘法與人生	劉名揚編譯	130 元
3.	秘法！超級仙術入門	陸明譯	150 元
4.	給地球人的訊息	柯素娥編著	150 元
5.	密教的神通力	劉名揚編著	130 元
6.	神秘奇妙的世界	平川陽一著	200 元
7.	地球文明的超革命	吳秋嬌譯	200 元
8.	力量石的秘密	吳秋嬌譯	180 元
9.	超能力的靈異世界	馬小莉譯	200 元
10.	逃離地球毀滅的命運	吳秋嬌譯	200 元
11.	宇宙與地球終結之謎	南山宏著	200 元
12.	驚世奇功揭秘	傅起鳳著	200 元
13.	啟發身心潛力心象訓練法	栗田昌裕著	180 元
14.	仙道術遁甲法	高藤聰一郎著	220 元
15.	神通力的秘密	中岡俊哉著	180 元
16.	仙人成仙術	高藤聰一郎著	200 元
17.	仙道符咒氣功法	高藤聰一郎著	220 元
18.	仙道風水術尋龍法	高藤聰一郎著	200 元
19.	仙道奇蹟超幻像	高藤聰一郎著	200 元
20.	仙道鍊金術房中法	高藤聰一郎著	200 元
21.	奇蹟超醫療治癒難病	深野一幸著	220 元
22.	揭開月球的神秘力量	超科學研究會	180 元
23.	西藏密教奧義	高藤聰一郎著	250 元
24.	改變你的夢術入門	高藤聰一郎著	250 元
25.	21 世紀拯救地球超技術	深野一幸著	250 元

・養 生 保 健・大展編號 23

1.	醫療養生氣功	黃孝寬著	250 元
2.	中國氣功圖譜	余功保著	250 元
3.	少林醫療氣功精粹	井玉蘭著	250 元
4.	龍形實用氣功	吳大才等著	220 元
5.	魚戲增視強身氣功	宮 嬰著	220 元
6.	嚴新氣功	前新培金著	250 元
7.	道家玄牝氣功	張 章著	200 元
8.	仙家秘傳袪病功	李遠國著	160 元
9.	少林十大健身功	秦慶豐著	180 元
10.	中國自控氣功	張明武著	250 元
11.	醫療防癌氣功	黃孝寬著	250 元
12.	醫療強身氣功	黃孝寬著	250 元
13.	醫療點穴氣功	黃孝寬著	250 元

14. 中國八卦如意功	趙維漢著	180 元
15. 正宗馬禮堂養氣功	馬禮堂著	420 元
16. 秘傳道家筋經內丹功	王慶餘著	300 元
17. 三元開慧功	辛桂林著	250 元
18. 防癌治癌新氣功	郭　林著	180 元
19. 禪定與佛家氣功修煉	劉天君著	200 元
20. 顛倒之術	梅自強著	360 元
21. 簡明氣功辭典	吳家駿編	360 元
22. 八卦三合功	張全亮著	230 元
23. 朱砂掌健身養生功	楊永著	250 元
24. 抗老功	陳九鶴著	230 元
25. 意氣按穴排濁自療法	黃啟運編著	250 元
26. 陳式太極拳養生功	陳正雷著	200 元
27. 健身祛病小功法	王培生著	200 元
28. 張式太極混元功	張春銘著	250 元
29. 中國璇密功	羅琴編著	250 元
30. 中國少林禪密功	齊飛龍著	200 元
31. 郭林新氣功	郭林新氣功研究所	400 元
32. 太極八卦之源與健身養生	鄭志鴻等著	280 元

・社會人智囊・大展編號 24

1. 糾紛談判術	清水增三著	160 元
2. 創造關鍵術	淺野八郎著	150 元
3. 觀人術	淺野八郎著	200 元
4. 應急詭辯術	廖英迪編著	160 元
5. 天才家學習術	木原武一著	160 元
6. 貓型狗式鑑人術	淺野八郎著	180 元
7. 逆轉運掌握術	淺野八郎著	180 元
8. 人際圓融術	澀谷昌三著	160 元
9. 解讀人心術	淺野八郎著	180 元
10. 與上司水乳交融術	秋元隆司著	180 元
11. 男女心態定律	小田晉著	180 元
12. 幽默說話術	林振輝編著	200 元
13. 人能信賴幾分	淺野八郎著	180 元
14. 我一定能成功	李玉瓊譯	180 元
15. 獻給青年的嘉言	陳蒼杰譯	180 元
16. 知人、知面、知其心	林振輝編著	180 元
17. 塑造堅強的個性	坂上肇著	180 元
18. 為自己而活	佐藤綾子著	180 元
19. 未來十年與愉快生活有約	船井幸雄著	180 元
20. 超級銷售話術	杜秀卿譯	180 元
21. 感性培育術	黃靜香編著	180 元
22. 公司新鮮人的禮儀規範	蔡媛惠譯	180 元

國家圖書館出版品預行編目資料

企業人才培育智典／鄭佳軒編著
——初版，——臺北市，大展，2003 年〔民 92〕
面；21 公分，——（成功秘笈；2）
ISBN 957-468-186-6（精裝）
1. 人事管理　2. 人力資源—管理
494.3　　91021511

企業人才培育智典

ISBN 957-468-186-6

著　　者／鄭 佳 軒
責任編輯／黃 秀 娥
發 行 人／蔡 森 明
出 版 者／大展出版社有限公司
社　　址／台北市北投區（石牌）致遠一路 2 段 12 巷 1 號
電　　話／（02）28236031・28236033・28233123
傳　　眞／（02）28272069
郵政劃撥／01669551
E－mail ／dah_jaan@yahoo.com.tw
登 記 證／局版臺業字第 2171 號
承 印 者／國順文具印刷行
裝　　訂／源太裝訂實業有限公司
排 版 者／弘益電腦排版有限公司
初版 1 刷／2003 年（民 92 年）2 月

定　價／230 元